同济大学"十二五"本科规划教材

同济大学建筑与城市规划学院美术基础特色课教学丛书

U0325714

Architectural Hand Drawing and Quick Expression

# 建筑手绘快速表现

王昌建 刘宏 编著

同济大学 出版社

TONGJI UNIVERSITY PRESS

# 序

　　几经努力，同济大学建筑与城市规划学院美术基础特色课教学丛书终于付梓出版了。虽然此前同济美术曾有多部艺术著作或画册问世，包括美术教师的集体与个人作品集，部分教师也陆续编撰了一些美术类教材，但整体统筹针对建筑学、城乡规划和景观学等以工程设计为主的专业美术教学系统性丛书，当属首次。本套丛书作为同济大学"十二五"本科教材，凝聚了同济美术教学的最新探索。

　　同济美术教学始于1952年建筑学等相关专业的创立，也一直以服务专业人才培养为主要目标。早年作为上海地区为数不多设有美术教学的高等学校，这里群英荟萃，云集着留欧、留日归国和国内一流美术院校毕业的顶尖美术家，成为上海美术的一个高地。教师们在传授美术基础知识与技能的同时，立足艺术本体的研究与创作，为提升师生艺术修养与凝练学科思想发展，发挥了重要的作用。进入新世纪以来，随着办学规模的扩大与调整，同济美术的师资群体已达到了空前的规模，其队伍架构与教学组织也日臻完善，并在教学内容、教学方法等诸多方面呈现出多元开放的发展趋势。

　　历史上美术教学伴随着艺术发展而演进，基于设计的美术教学更是不断选换更替、推陈出新。从纯艺术表现或侧重商业的导向、到包豪斯对技术因素的关注、再到强调形式秩序的构成引入，新的艺术教育思想与方法在冲击原有教学体系的同时，无不为学科发展与专业教育提供了充沃的养分。同济前辈美术教师们便十分注重艺术本体表现方法与手段的创新和对艺术与环境的多重探索，从而奠定了同济美术追求基础训练与原创价值的教育思想与教学范式。近年来，共同肩负卓越人才培养使命的同济年轻一代美术教师们，坚守艺术教育第一线，勇于改革进取，在美术教学上又有了新的突破、收获了新的成果。

　　本套教学丛书选取了美术教学中的几个主要环节或重要方面，分类进行著述。作者分别为相应课程的主讲者，当然，书的形成还离不开所有参与的教师与学生的全力支持。各册依据不同的内容，体例亦有所不同，但都有其共同的特色。一是专业针对性。从艺术分类角度，并无所谓的"建筑美术"，但在教育的受众对象上，确有差异性，本套丛书有着明确的读者指向。二是结合教学线索。书中的教学安排、操作进度以及关注重点等，对相关从业者具有切实的参考与应用价值。三是众多作品展示。书中大量的案例图片集中反映了同济师生在美术教与学过程中的真实成果，且不论高下与否，俱客观地表达了艺术以"作品说话"的硬道理。

　　希望本套教学丛书对广大读者的学习与工作有所裨益。

同济大学建筑与城市规划学院院长

2013年6月

# 第一章 课程综述与教学安排

## 第一节 性质与内容

建筑设计的手绘快速表现，主要是针对设计师在设计方案初步确定过程中，对于整个设计思想的一个概括性的全面展示，也是设计师表达创造性设计思维过程的可视化形式表现。它不仅是设计构思过程的记录，也是推敲斟酌设计方案的重要手段。同时，也是展示设计方案阶段的建筑形态、结构、功能等的一种有效的形式表现。其宗旨是快速有效地展现设计师的设计思想。

本教材的内容从基础造型训练入手，系统地介绍在建筑设计快速表现中不同的形式表达方法。在强调掌握基础造型能力与快速表现方法的同时，注重培养学生宽泛的审美情趣与创造性思维方式的引导。在快题实战的表现形式与方法上，结合实际的设计案例与经典图例，力求深入浅出、易学易懂、快速便捷。

## 第二节 工具与材料

我们说想要练就一手过硬的手绘快速表现的本领，首先就要对它的工具与材料的性能有一定的了解和掌握。比较常见的快速表现工具有：铅笔、中性水笔、美工钢笔、马克笔、彩色铅笔、油画棒等。铅笔一般用于前期的草稿阶段，也可以直接作为表现的工具。钢笔与中性水笔用于表现形态的轮廓、造型结构与局部细节等。而马克笔、彩色铅笔则用于上色和处理画面的效果。油画棒则可以直接表现画面的色彩关系与肌理效果。在纸张的使用方面有绘图纸、卡纸、复印纸、有色纸、速写本等。除了笔和纸张以外，我们还需要一些其他的辅助工具，如：画板、修正液、各类绘图用尺等（图例一1）。

图例一1

### 一、铅笔

铅笔作为基础造型的工具应该是最常见与实用的。它不仅能表现粗细不同的线条，而且能够快速的表现出画面中不同笔触的明暗调式，并可以把物体刻画得非常深入细致。同时，画错了也没关系，可以进行修改。常用的型号从 HB 到 6B 不等（图例一2、3）。

### 二、中性水笔（钢笔）

中性水笔与钢笔类似。区别在于钢笔所表现出来的线条是完全一样粗细。而中性水笔所表现出来的线条粗细是根据型号的不同，从 0.1 到 1.0 不等。常用的有 0.5、0.7 与 1.0。0.5 较细、0.7 较粗，而 1.0 更粗一些。因此，它们比较适合对形态的轮廓与结构的塑造（图例一4、5、6）。

### 三、美工笔

美工笔是特制的弯头钢笔。它的特点是在使用过程中能粗能细，既可表现线条的流畅感，又能快速地表现出形态之间的明暗关系。在充分掌握它的性能以后，用笔者会有极大的表现快感（图例一7、8、9）。

图例一2（铅笔型号 4B、5B、6B ）王昌建

图例一3（铅笔型号 4B、5B、6B ）王昌建

图例一4（0.5号中性水笔）王昌建

图例一7 王昌建

图例一9 严大地

图例一8 王昌建

图例一6（0.5号中性水笔，棕色牛皮纸）严大地

**四、马克笔**

马克笔作为快速表现最常用的工具，在表现方面具有色彩亮丽、着色便捷、用笔爽快、笔触明显等特点。它主要分为油性与水性二种。由于它在用笔方面有一定的局限性，因此，如果能够结合彩色铅笔一起使用，将大大增强画面的表现力与实际的可操作性（图例一10、11、12）。

**五、彩色铅笔**

彩色铅笔作为基础造型的工具，它的表现力相对比较弱。但是，在快速表现方面，它有一定的优势。比较适合初学者使用。尤其当它与马克笔一起使用时，可以弥补马克笔在某些用笔方面的局限（图例一13、14、15）。

**六、油画棒**

油画棒是一种用油料、蜡与颜料等特殊混合物制作而成的固体绘画材料。在使用时不仅可以直接在纸上进行画画，还可以用揉擦、刮除等方法来营造不同的肌理效果。作为基础造型的快速表现工具，它既携带便捷又具有很强的表现力。尤其在整体色调的营造、肌理的制作方面是其他工具所无法替代的（图例一16、17）。

图例一5（0.7号中性水笔）王昌建

图例一10（油性马克笔）

图例一11（油性马克笔）王昌建

图例一12（油性马克笔）王昌建

图例一15（水溶性彩色铅笔）王昌建

图例—14（水溶性彩色铅笔）王昌建

图例—13（水溶性彩色铅笔）王昌建

图例—16（油画棒）阴佳

第三节 课程的安排

（课内总学时：72 学时 +80 学时）

| 课内学习单元 | 学习内容 | 教学形式 | 课时安排 | 课内外练习 |
|---|---|---|---|---|
| 第一单元<br>造型基础训练 | 1. 线条的运用<br>2. 明暗的营造<br>3. 画面的构图<br>4. 透视的关系<br>5. 色彩的关系<br>6. 建筑速写的方法 | 讲课<br>示范<br>练习<br>辅导<br>讲评 | 4 课时<br>4 课时<br>4 课时<br>4 课时<br>8 课时<br>4 课时 | 1. 定位线及线形的练习<br>2. 光影与黑白灰的练习<br>3. 不同形式的构图练习<br>4. 平行与成角透视练习<br>5. 色彩的对比关系练习<br>6. 建筑速写的表现方法 |
| 第二单元<br>建筑外部与内部空间的表达 | 1. 主体建筑的表现<br>2. 外立面与门窗<br>3. 人物与其他配景<br>4. 建筑内部与家具及陈设配套 | 讲课<br>示范<br>练习<br>辅导<br>讲评 | 4 课时<br>4 课时<br>4 课时<br>4 课时 | 1. 临摹与写生练习<br>2. 临摹与写生练习<br>3. 临摹与写生练习<br>4. 临摹与写生练习 |
| 第三单元<br>建筑透视图的快速表现与步骤 | 1. 从平面到立体<br>2. 透视图的步骤<br>3. 营造色彩效果 | 讲课<br>示范<br>练习<br>辅导<br>讲评 | 4 课时<br>8 课时<br>8 课时 | 1. 绘制小稿草图<br>2. 线稿放样过程<br>3. 马克笔与彩色铅笔着色 |
| 第四单元<br>建筑形态的拓展 | 1. 视觉笔记<br>2. 主观性设计表现 | 讲课<br>示范<br>练习<br>辅导<br>讲评 | 4 课时讲课<br>4 课时讲课<br>（作业完成时间自定） | 1. 选择感兴趣或熟悉的主题<br>2. 选择大师的作品，作为重新设计表现的参照 |
| 第五单元<br>建筑风景写生实习 | 1. 线条为主的表现<br>2. 明暗为主的表现<br>3. 线条结合明暗的表现<br>4. 彩色铅笔的表现<br>5. 马克笔的表现<br>6. 综合性的表现 | 讲课<br>示范<br>练习<br>辅导<br>讲评 | 2 课时<br>12 课时<br>8 课时<br>8 课时<br>12 课时<br>20 课时 | 风景写生实习是专门为建筑造型基础课程设置的学习周期，共计 10 天，每天 8 课时。在这 10 天的周期里，不仅要学习各种不同的表现技法，更重要的是通过集中训练，使学生能够在审美与表现上，找到一种适合本人个性化的表达方式。 |

注：第四单元的学习内容主要在课外完成，课内讲课与讲评。第五单元为写生实习。

# 第二章　形态造型基础训练

## 第一节 线条的运用

线条是造型艺术中最基本的要素。因此，如何运用线条与笔触来塑造形态、营造画面的效果，在很大程度上就起到了非常重要的作用。我们说不同的线条与笔触可以塑造出不同的画面效果，并反映出不同的情感特质。例如，线条的曲直可以表达出形态的刚与柔、动与静，而笔触的虚与实、疏与密又可以表达出形态的远近与层次感。也就是说线条与笔触本身是没有好坏之分的，只有运用的是否得当，或者说怎样运用线条与笔触来表达你所要表现的形态及形态之间的关系。这应该是运用线条与笔触来塑造形态、营造画面效果的根本所在。

学习要点：通过对定位的直线、曲线等不同线形的练习，让学生理解线条的重要性。并掌握从"线形"到"形体"的形态造型概念。特别要注重形态的轮廓与结构的表现。

课题作业：

1. 徒手对定位线及不同线形的练习。

2. 用线条来完成从"形"到"体"的练习。

3. 用线条表现单体形态（对象不限）。

4. 用线条分别表现室内与室外场景。

要求：

1. 掌握不同线形的表达。

2. 理解与掌握从"形"到"体"的概念与表现。

3. 掌握线条对不同物体与环境的运用与表现。

工具与材料：

中性水笔、美工笔均可，绘图纸或卡纸。

作业讲评：

对作业进行学生自评、互评与老师讲评相结合的形式

在练习线条的过程中，如果无法将长线条画直，可以先从定位线开始训练。当能够控制长线条的运用后，可以画一些规则性的几何形态。并逐渐扩大到对不规则的几何形态的线形表达（图例二 1）。

单线条适合塑造形态的轮廓与结构，其特点是所表现的形态挺拔、结构清晰。对于初学者而言，在运用线条的时候，要注意它的流畅感。同时，一定要多画，画什么不重要，重要的是怎么画，也就是说在画之前一定要有怎么画的诉求（图例二 2、3、4）。

当线条掌握到一定的熟练程度以后，可以用比较放松与随意的线条，来进行快速的作画。这种训练方式对掌握与提升快速表现的能力极有帮助（图例二 5、6）。

粗细相间的线条结合明暗的表现力度比单线条更强，既适合勾勒形态的轮廓与结构，又适合明暗的营造（图例二 8、9、10）。

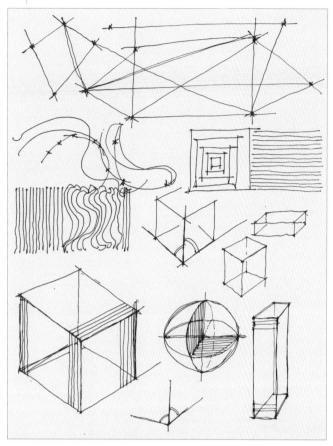

图例二 1

图例二 2 王昌建

图例二 5（0.5 中性水笔）王昌建

图例二 4（0.5 中性水笔）王昌建

图例二 3（0.5 中性水笔）王昌建

图例二 6（0.5 中性水笔）王昌建

图例二 8（美工笔，棕色牛皮纸）严大地

图例二 7（中性水笔，棕色牛皮纸）严大地

江南水乡南塘东街位於胥青塘南苔

保持着老街民包的静寂西塘

为江南水乡六大名镇之一

清景小巷的幽深更添恋情

大地游此地并记

己卫初春

图例二 10（美工笔）王昌建

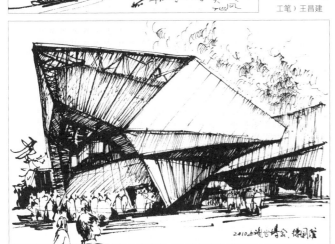

2010上海世博会，德国馆

二0一一年八月十六日於西塘
王建

图例二 9（美工笔）王昌建

图例二 11

光与影的表现，主要是依靠线条与笔触的疏密排列与组合来进行的。它可以把景物描绘的非常深入细致，也可以把表面的肌理表现的精彩而丰富。掌握光与影的方法的关键，在于对物体的受光部与被光部及投影的营造。（如图例二 11、12、13、14、15 所示）

图例二 12 王昌建

用美工笔表现光影关系，可以使画面中的形态明确而富有视觉感染力。

## 第二节 明暗的关系

明暗关系主要是指画面中形态本身及形态与形态之间的深浅变化与对比。它可以使得画面产生丰富的明暗调式变化、光影效果等视觉感受，并能够非常充分和深入地表现出物体的质感与肌理效果。因此，在画面中，明暗关系运用的是否得当，也就直接影响到画面的视觉效果。表现明暗关系的方法主要有两种形式：光影的营造与黑白灰的处理。

学习要点：

1. 理解光与影最基本的五种明暗关系。即：受光部、背光部、明暗交界线、反光与投影。特别要注意明暗交界线与投影的处理。

2. 理解与掌握从明到暗的九个级别。9 最亮、1 最暗，7~9 是高明度区域、4~6 是中明度区域、1~3 是低明度区域。处理好这九个级别的明度值，是营造画面中形态之间黑白灰关系的关键。

课题作业：

1. 选择一组在特定光源下的物体（对象不限），完成光影关系的练习。

2. 选择一组在常态光源下的物体（对象不限），完成黑白灰调式的练习。

要求：

1. 理解并掌握光影的表达。

2. 理解并掌握黑白灰的处理。

材料与工具：铅笔、中性水笔、美工笔与马克笔均可，绘图纸或卡纸。

作业讲评：对作业进行学生自评、互评与老师讲评相结合的形式

光与影的表现，主要是依靠线条与笔触的疏密排列与组合来进行的。它可以把景物描绘得非常深入细致，也可以把表面的肌理表现的精彩而丰富。掌握光与影的方法的关键，在于对物体的受光部与被光部及投影的营造（图例二 11、12、13、14、15 ）。

用美工笔表现光影关系，可以使画面中的形态明确而富有视觉感染力。

用中性水笔表现光影效果，可以使画面中的形态关系富有细腻的变化。

用铅笔表现光影效果，可以使画面中形态之间的明暗与质感关系更加细腻丰富。

所谓黑白灰的处理是指在没有明确与特定的光源前提下，用黑白灰的深浅度来表现与处理形态的明暗关系。这种处理手法在表现上具有很强的主观意识。因为许多形态的黑白灰关系需要从画面的实际出发进行艺术化的处理（图例二 16、17、18、19 ）。

用马克笔表现黑白灰的关系，可以使画面中形态之间的对比关系更强烈。

图例二 13 王昌建
用中性水笔表现光影效果，可以使画面中的形态关系富有细腻的变化。

图例二 15 王昌建

图例二 16 王昌建

图例二 19 王昌建

图例二 14 王昌建

用铅笔表现光影效果，可以使画面中形态之间的明暗与质感关系更加细腻丰富。

图例二 17 王昌建

图例二 18 王昌建

二〇〇五.七.十四.写于宏村

图例二 20 王昌建

### 第三节 画面的构图

　　所谓构图又被称为布局，或者说形态在画面中的位置经营。通俗地讲也就是如何在画面中将所要表现的景物之间的形态关系安排到一个比较合适的位置。从这一层面而言，构图的基本宗旨就是在平衡的前题下，营造一种对立统一的关系。因此，构图是否得当，在一幅作品中是非常重要的。构图可以从两个大的方面来认识：其一是画面中的近景、中景和远景以及主景、配景之间的位置关系；其二是画面上下左右之间的景物的位置关系。第一种构图形式相对比较注重景物在画面中客观的自然空间感。而第二种构图形式则比较注重画面的趣味性与形式效果。另外，景物之间的形态大小、光影、黑白灰的关系以及不同的材质与肌理等，都会对画面的构图造成一定的影响。在这里，我们主要介绍三种比较常见的构图形式：全景式构图，均衡式构图与主题性构图。

　　学习要点：

　　1. 全景式构图的要点在于对形态进行概括性的提炼。对于复杂多样的形态要安排的主次分明、错落有致、疏密得当。

　　2. 均衡式构图的关键在于对形态的大与小、多与少、黑与白在画面中所摆放的位置，既要有对比的呼应关系、又要有视觉上的平衡感。

　　3. 主题性构图只有一个原则，那就是突出重点，把主要的形态放在画面中最突出的位置。

　　课题作业：

　　1. 选择两幅不同类型的照片，完成全景式构图练习。以此理解和掌握全景式构图的要领。

　　2. 选择两幅不同类型的照片，完成均衡式构图练习。以此理解和掌握均衡式构图的要领。

　　3. 选择两幅不同类型的照片，完成主题性构图练习。以此理解和掌握主题性构图的要领。

　　要求：

　　1. 理解并掌握全景式构图的概念与表现。

　　2. 理解并掌握均衡式构图的概念与表现。

　　3. 理解并掌握主题性构图的概念与表现。

　　材料与工具：铅笔、中性水笔、美工笔、马克笔、彩铅均可，绘图纸或卡纸。

　　作业讲评：对作业进行学生自评、互评与老师讲评相结合的形式。

　　1. 全景式构图

　　全景式构图的场面比较大，一般

图例二 21 王昌建

图例二 22 王昌建

图例二 23 王昌建

是站在比较高的位置往下俯瞰、或者是满画面的。因此，画面中的景物比较多、形态也相对复杂多样。这就需要我们对形态进行一些概括性的提炼，然后，将这些形态安排在画面中合适的位置，并作前后、虚实、疏密的处理（图例二 20、21 ）。

2. 均衡式构图

所谓均衡指的是非对称性质的平衡。因此，均衡式的构图形式既有平衡的感觉又不失生动感，可以说是目前在造型艺术中最常用的构图形式（图例二 22、23 ）。

3. 主题性构图

主题性的构图主要是将所要表现的形态或形态组合，放在画面最主要的位置。以此来突出这一形态或形态组合的重要性，或者说体现作画者对这一形态或形态组合的主题性的情感诉求（图例二 24、25 ）。

图例二 25 王昌建

图例二 24 王昌建

消失点

视平线

图例二 26

图例二 27 王昌建

## 第四节 透视的法则

造型艺术中的透视法则,主要是在二维平面中营造一个三维立体的自然空间。通俗的讲就是在平面的纸上,绘制出一个看上去是真实而自然的现实空间环境。透视一般可表现为三种形式:一点透视(又称为平行透视)、二点透视(又称为成角透视)、三点透视(又称为斜角透视。由于在实际的操作中运用的很少,在此不作讲解)。要想掌握透视的表现方法,我们必须首先要理解透视的基本原理及表现形式。

站点:又称视点或观察点,指的是作画者看景物的位置。

视平线:指的是与人的眼睛等高而且平行的水平线,它会随着视觉的移动而产生变化。

地平线:指的是与地面平行的线,是固定不变的。除了仰视或俯视,地平线与视平线大体一致。仰视时,地平线在视平线的下方;俯视时,地平线在视平线的上方。

灭点:又称消失点,是所有物体消失的焦点。

透视线:指的是消失于灭点的物体辅助线。

我们说由于透视是一门专业的学科,如果完全要按照透视的理论来作图,其各种方法的换算非常复杂。因此,在写生的过程中,我们没有必要求得百分之百的准确。只需理解和掌握那近大远小的透视概念、以及不同的透视表现形式即可。也就是说透视上的大方向感觉正确就可以。

学习要点:掌握透视法则及表现方法的关键在于,对透视原理以及形态之间近大远小的关系的理解与掌握。

课题作业:

1. 运用平行透视的原理,作室内与室外空间练习各两幅。

2. 运用成角透视的原理,作室内与室外空间练习各两幅。

要求:

1. 理解并掌握平行透视的原理与表现。

2. 理解并掌握成角透视的原理与表现。

材料工具:铅笔、中性水笔、美工笔、马克笔均可,绘图纸或卡纸。

作业讲评:对作业进行学生自评、互评与老师讲评相结合的形式。

一点透视:

又称为平行透视,是一种最基本和常用的透视方法。它的特点是表现范围宽广、画面稳定性强,且具有很强的前后纵深感。适合表现比较庄重的场景。但在视觉的形式感上略微显得有些呆板(图例二 26、27、28、29、30 )。

二点透视:

二点透视又称为成角透视,它具有两个消失点,也是一种最基本和常用的透视方法。它的特点是画面效果比较生动、灵活,而且趣味性强。适合表现比较活泼的场景。它的不足之处在于,如果两个消失点的位置选择

图例二 28 徐鹏程

图例二 29 王昌建

不得当的话，画面的形态会变形（图例二 31、32、33、34 ）。

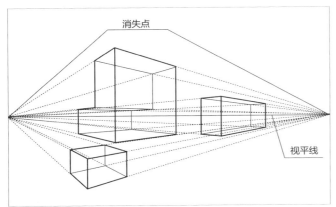

图例二 31

图例二 32 王昌建

图例二 30 王昌建

图例二 33 张皓

图例二 34 王昌建

## 第五节 色彩关系的营造

我们说任何形式的色彩写生都离不开色彩的五大关系要素，即色相、明度、纯度、冷暖与色调。而理解与掌握这色彩的五大关系要素，是任何形式的造型艺术都必须具备的基础。

色相：指的是色彩的相貌，是区别于不同颜色的关键所在。例如：红、橙、黄、绿、青、蓝、紫，是最基础的色相。它们之间通过混合可以派生出成千上万种不同的色相。

明度：指的是色彩的明暗程度，是区别于不同色彩的深浅差异的关键所在。它包括同种色的明暗差异与不同色相之间的明暗差异。

纯度：指的是色彩的鲜艳程度，又称为色彩的饱和度或彩度。在画面中，鲜艳度越高产生的视觉注目感就越强。

冷暖：指的是色彩之间的冷与暖的性质。由冷暖所产生的对比关系是营造画面生动感的主要手段。

色调：指的是画面中整体色调的倾向感。从色相上讲，有红色调、黄色调、蓝色调等。从明度上讲，有深色调、浅色调等。从纯度上讲，有鲜艳色调与灰色调等。

学习要点：

1. 掌握色彩明度关系的关键在于，对画面中形态之间的同种色、同类色以及不同色相之间，黑白灰关系的处理。

2. 掌握色相之间对比关系的关键，在于对不同色相之间对比关系的处理。其中，同类色相对比与互补色相的对比较为重要。

3. 掌握色彩纯度对比的关键在于理解不同色相之间的鲜艳度与灰度之间的强、中、弱的对比关系。

4. 掌握色彩冷暖对比的关键在于理解不同色相之间的冷暖关系，以及它们之间强、中、弱的对比关系。

5. 营造画面色调感的关键，在于某一类色系在画面中所占的面积比重是起主导作用的。

课题作业：

1. 运用马克笔与彩铅，完成同种色与不同色之间的明度对比关系。

2. 运用马克笔与彩铅，完成同类色相对比与互补色相对比。

3. 运用马克笔与彩铅，完成纯度的强对比与弱对比。

4. 运用马克笔与彩铅，完成冷暖的强对比与弱对比。

5. 运用马克笔与彩铅，完成几种不同色调的画面营造。

要求：

1. 理解并掌握色彩明度关系的概念与表现。

2. 理解并掌握色相之间对比关系的概念与表现。

3. 理解并掌握色彩纯度对比的概念与表现。

4. 理解并掌握色彩冷暖对比关系的概念与表现。

5. 理解并掌握营造画面色调感的方法与表现。

材料工具：铅笔、中性水笔、美工笔、马克笔与彩铅，卡纸，绘图纸。

图例二 35

作业讲评：对作业进行学生自评、互评与老师讲评相结合的形式明度对比。

明度对比包括同种色相之间与不同色相之间的明暗关系对比。在本章第二节中，我们所讲的明暗关系主要是指单色之间的明暗对比。而在色彩关系中，不同色相之间的明暗关系对比才是关键。也就是说画面中色彩的关系是否运用得当，首先就要看不同色相之间明暗关系的对比是否处理的恰当。如果处理恰当，那么，这幅作品本身就能引发视觉的美感（图例二 35、36、37、38、39、40、41 ）。

色相对比：

色相之间的对比关系是由所要表现的形态之间的色相差异来决定的。因此，色相越接近、对比越弱，色相反差越大、对比越强。在色相对比中，红与绿、黄与紫、蓝与橙作为互补色相对比，是最强烈的对比关系（图例二 42、43、44、45 ）。

纯度对比：

在画面中，色彩纯度对比的强弱直接影响到人的视觉感受。高纯度的色彩与低纯度或无纯度的色彩进行对比，是纯度对比中最强烈的，而纯度越接近，对比就越弱（图例二 46、47、48、49、50 ）

冷暖对比：

在画面中，色彩生动感的营造主要是由冷暖关系的对比来决定的。不同冷暖之间的对比关系会带来不同的视觉感受。其中，以蓝色与橙色的对比最强烈（图例二 51、52、53、54、55 ）。

色调的营造：

画面整体色调的营造主要是由色相与纯度之间在画面中所占面积的多少来决定的。因此，某一色相或纯度及其组合在画面中所占的面积大小，也就起到了营造画面整体色调感的决定性的作用（图例二 56~62 ）。

图例二 36 王昌建

图例二 37 王昌建

图例二 38 王昌建

图例二 40 王昌建

图例二 41 王昌建

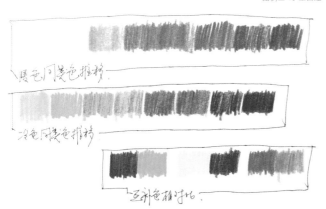

长色同类色排移

冷色同类色排移

互补色相对比

图例二 42

图例二 39 王昌建

图例二 43 王昌建

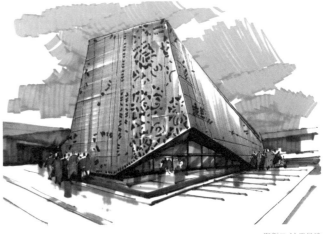

图例二 44 王昌建

图例二 45 阴佳

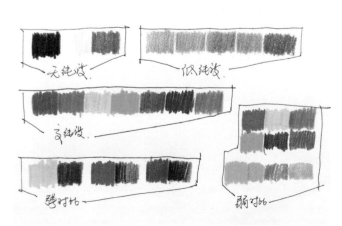

图例二 46

图例二 47 王昌建

图例二 48 王昌建

图例二 49 王昌建

图例二 50 阴佳

图例二 52 王昌建

图例二 51

图例二 53 王昌建

图例二 55 王昌建

图例二 54 阴佳

暖色调.　　　冷色调.　　　暖灰色调.

图例二 56

图例二 57 王昌建

图例二 58 王昌建

图例二 59 王昌建

图例二 60 王昌建

图例二 61 王昌建

图例二 62 阴佳

图例二 63

图例二 64

图例二 65

图例二 66

## 第六节 速写的表现与步骤

对于快速表现而言，练就一手过硬的速写能力可以起到事半功倍的作用。因为速写的最高境界就是通过眼、脑、手及心智的高度统合，在画面上将想要表现的景物一气呵成。这对于建筑在方案阶段的设计是非常重要的。

速写根据时间的长短，可以分为"快写与慢写"两人种表现形式。快写的表现形式，基本上是一气呵成。一般在十分钟到三十分钟左右。这种形式不需要步骤，只需在开始画之前，有一个观察与思考的过程。当然，还需要有良好的造型基础。慢写的操作方式用时比较长，一般在一个小时左右。如果碰到复杂的场景，用时会更长。一般而言，初学者都应从慢写开始，因为它有一定的步骤可寻。等熟练以后再进行快写训练。

学习要点：对所有表现的景物，进行深入的观察与分析。并作小构图的练习。在速写过程中，始终要贯彻画面的整体感与大的关系，对于某些需要刻画的局部与

细节，应该放在整体感与大关系确立以后来进行。

要求：理解并掌握慢写的表现方法与步骤，并尝试快写的表现形式。

材料与工具：中性水笔、美工笔、马克笔、彩铅均可，绘图纸或卡纸。

作业讲评：对作业进行学生自评、互评与老师讲评相结合的形式。

步骤一：对所要表现的对象进行观察与分析（图例二 63）

步骤二：在脑海中进行思考，如何构图以及对未来整个画面的效果有怎样的期许？（图例二 64。注：此图例所表现出来的内容应该是在脑海中进行的。）

步骤三：将脑海中思考的构图表现在画面上（图例二 65）

步骤四：对画面中景物的主要形态进行刻画。同时，处理画面中形态之间的疏密与虚实的关系。需要强调的是，画面的虚实关系处理的是否得当，是衡量一幅作品是

否生动的关键所在（图例二 66 ）。

步骤五：最后用马克笔进行上色，并对画面进行整体的调整、落款，这幅写生作品就算完成了（图例二 67 ）。

所谓快写就是在短时间内一气呵成，将所要表现的景物呈现在画面上。这种表现形式不仅需要作画者具有较好的造型基础与熟练的手绘能力，更重要的是对形态的高度概括能力与画面的处理能力。图例二 73、74 两人幅用线条表现的速写，都仅用了 10 分钟左右的时间。而图例二 75 用马克笔上色的速写，也仅用了 20 几分钟左右的时间。

我们建议初学者在开始写生之前，可以先用 10 分钟左右的时间绘制一些小构图（画幅的尺寸在小十六开左右）。以此来确定画面中形态之间的位置、大的透视、比例、明暗、色彩等关系，以及思考对画面的疏密、虚实的安排与处理。小构图的训练可以培养不用打草稿、直接在画面上表现的能力（图例 76、77、78、79、80 ）。

图例二 68

图例二 69

图例二 70 王昌建

图例二 71

图例二 72 王昌建

图例二 73

图例二 74

图例二 75 王昌建

图例二 76 王昌建

图例二 77 王昌建

图例二 78 王昌建

图例二 79 王昌建

图例二 80 王昌建

# 第三章 建筑外部空间训练

## 第一节 主体建筑形态的表现

我们说建筑形态看似复杂，但是当你真正了解和掌握以后，你会发现它其实就是一些不同几何形体的变异与组合。无论是现代还是传统、也无论是东方还是西方，建筑的基本造型规律是相同的。因此，初学者在画的时候，首先要注意建筑形态的透视与整体比例的关系。因为只有透视与比例关系的准确，才能使得一座建筑的形态看上去显得自然。同时，一定要学会概括性的提炼。所谓概括性的提炼就是剔除细微末节，抓形态大的整体感。简单的说就是找准建筑物的形态与结构的特征及透视与比例的关系。在大的整体关系确定的前提下，根据需要再考虑局部细节的刻画。

学习要点：把握建筑形态大的轮廓、结构、透视与比例的关系。

课题作业：徒手表现不同类型的建筑形态与结构特征。

要求：理解并掌握建筑形态的透视、比例与结构特征的造型原理与表达。

材料与工具：中性水笔、美工笔、马克笔、彩铅均可，绘图纸或卡纸。

作业讲评：对作业进行学生自评、互评与老师讲评相结合的形式

建筑形态看似复杂，其实就是一些最基本的几何形态的组合。因此，我们在画建筑物的时候，最好能够从建筑造型的本质上来理解、观察，所要表现的建筑物属于哪一种类型的几何形态。有了这样的认知，再把透视与比例关系找准，通过一段时期手对于形态的熟练操作，画好建筑形态应该是不成问题的（图例三 1）。

开始画建筑物时，先不必拘泥于局部细节，要从建筑的整体概念出发。只要抓住建筑物大的形态与结构的特征及透视与比例的关系即可（图例三 2~4）。

在掌握了建筑的整体形态与透视比例的关系及结构特征的表现后，我们可以对明暗以及局部的细节进行深入的刻画。在刻画的同时，还是要强调画面的整体感，千万不要因为刻画细节，而使得画面产生琐碎感（图例三 5、6、7、8）。

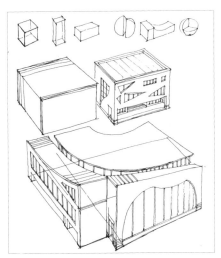

图例三 1 王昌建

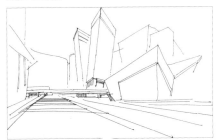

图例三 2 王昌建

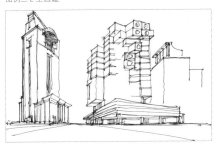

图例三 3 王昌建

图例三 4 王昌建

图例三 7 王昌建

图例三 5 王昌建

图例三 6 王昌建

图例三 8 王昌建

图例三 9

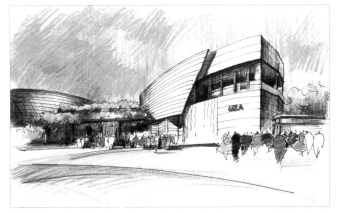

图例三 10 王昌建

图例三 11

图例三 12 王昌建

图例三 13 王昌建

图例三 14 尚龙勇

图例三 1 尚龙勇

图例三 16 尚龙勇

　　线稿完成后，我们建议先用彩色铅笔上色，然后再用马克笔。因为马克笔画完后是无法修改的，对于初学者而言，掌握起来有一定的难度（图例三 9~13 ）。

　　由于学建筑的学生在进大学以前，大多数都没有造型基础。因此，临摹也是非常重要的训练过程。通过临摹不仅可以提高我们对形态的概括能力、对形态熟练的操作能力，同时，还可以对不同的形式表现有所理解与认识（图例三 33~52 ）。

## 第二节　外立面与门窗的表现

　　我们说对于建筑物的表现而言，整体而概括性的框架形态固然重要。但其中局部的元素也不可缺少。因为，这些元素不仅可以丰富建筑形态的美感。还是实用中必不可少的关键。如：门窗、立柱及立面上的装饰等。

　　学习要点：对门、窗的形态特征与结构，以及外立面的装饰节点元素与结构要表达明确。

　　课题作业：徒手表现不同类型的门、窗、立面装饰的形态特征，以及结构构造。

　　要求：准确的表现出门、窗的形态特征与结构，以

图例三 17 尚龙勇

图例三 18 刘家龄

图例三 19 刘祥

图例三 20 刘一婷

图例三 21 张欣宜

图例三 22 张皓

图例三 23 张小远

图例三 24 张皓

图例三 25 刘家龄

图例三 26 丁子晨

图例三 27 潘美程

图例三 29 张小远

图例三 28 潘美程

图例三 30 张小远

图例三 31 储皓

图例三 32 王宇

图例三 33 妥朝霞

图例三 34 朱静宜

图例三 36 孙彦

图例三 37 沈绿妮

图例三 40 李朝阳

图例三 41 张艺洋

图例三 42 陈心怡

图例三 43 舒健硕

图例三 44 马赛

图例三 45 舒健硕

图例三 46 舒健硕

图例三 47 申佳可

图例三 48 李朝阳

图例三 49 李朝阳

图例三 50 朱敏宏

图例三 51 申佳可

图例三 52 申佳可

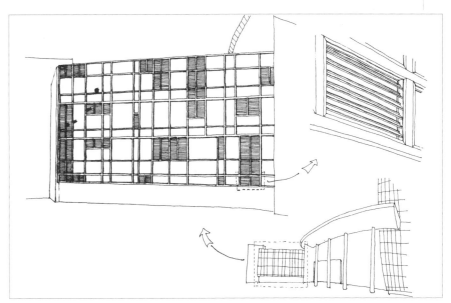

及外立面的装饰节点。

材料与工具：中性水笔、美工笔、马克笔、彩铅均可，绘图纸或卡纸

作业讲评：对作业进行学生自评、互评与老师讲评相结合的形式

第三节 树木、人物与其他配景

想要画好一幅完整的建筑画，周边与之配套的环境也是非常重要的。因为，任何建筑都不可能是孤立的。因此，我们在学习画建筑物的同时，对与之配套环境中的树木、人物、车辆以及天空、道路等也必须要掌握。

学习要点：掌握树木、人物、车辆等的不同造型特征，以及它们特征性的表现方法。

课题作业：徒手表现不同类型的树木、人物、车辆等（先临摹、后写生）

要求：完整的表现出树木、人物、车辆等不同的形态结构与造型特征。

材料与工具：钢笔、美工笔、马克笔、彩铅均可，绘图纸或卡纸。

作业讲评：对作业进行学生自评、互评与老师讲评相结合的形式。

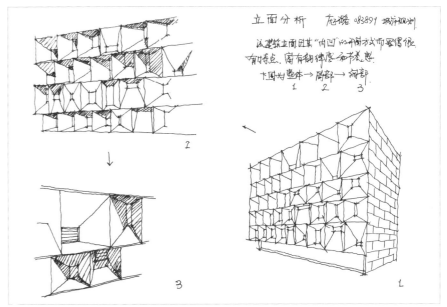

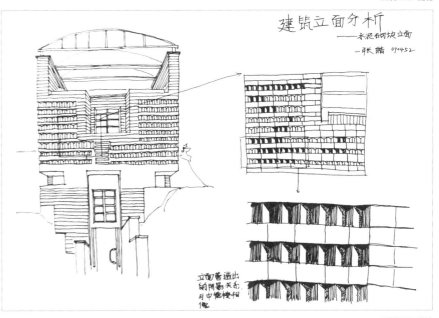

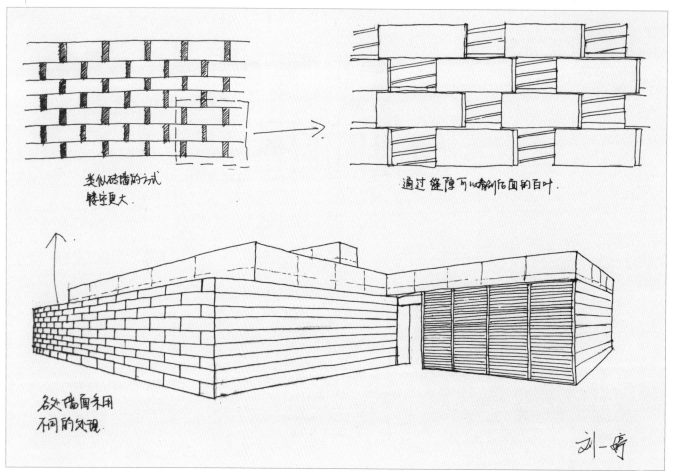

图例三 56 刘一婷

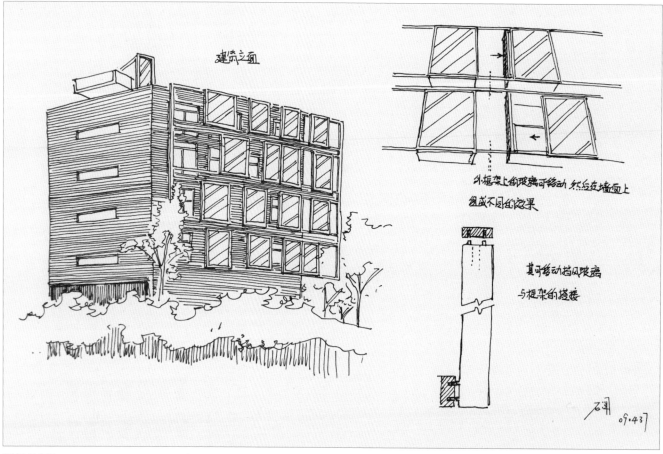

图例三 57 石闻

图例三 58 马佳琪

图例三 60 张欣宜

图例三 59 潘美程

图例三 61 王程娇

图例三 62 王昌建

树木:

　　树木的种类虽然繁多,但还是有一定的规律可寻。因此,我们首先应该把它们归纳为一些最基本的形状。而这些最基本的形状,也仅仅只是一个大的概念,主要是为了理解上的需要。在画树的时候,我们还是应该根据不同树种的造型,运用不同的方法将它们的特征表现出来。一般而言,画树应先从画树干开始,然后再是树枝和树形,最后才是具体的树叶和它们的疏密关系,以及一些需要深入刻画的局部细节(图例三 62~71)。

人物:

　　画人物动态速写,首先要掌握大的人体的比例关系。也就是头、躯干、上肢与下肢的比例关系。大的比例关系掌握以后,流畅的动态线也非常重要。具体的操作应该是先观察所要表现的对象,把对象的造型特征及动态感深深地印入脑海中。然后,从人物的头部开始,逐渐往下一气呵成(图例三 72、73)。

车辆:

　　车辆的造型原理与几何形体基本相同,只是组合方式不同。因此,在画车辆的时候首先要掌握车的形态特征,并从大的形态入手,找准各部位形态之间的比例关系、结构特征,并逐渐向局部的细节深入(图例三 74、75、76)。

图例三 63 刘宏

图例三 64 严大地

图例三 65 严大地

图例三 66 王昌建

图例三 67 王昌建

图例三 68 王昌建

图例三 69 王昌建

图例三 70 王昌建

图例三 71 王昌建

图例三 72 王昌建

图例三 73 王昌建

图例三 74 王昌建

图例三 76 王昌建

图例三 75 王昌建

# 第四章 建筑内部空间训练

## 第一节 内部空间的表现

　　表现室内空间最重要的是空间感。而最能营造三维空间视觉感受的应该是焦点透视。也就是说，只要透视运用得当，空间的各个界面、形态的比例关系准确，表现室内空间就没有什么太大的问题。虽然室内空间因功能的不同会有许多类型，如：商业场所、学校的教室、办公场所、居室、娱乐场所等等。并会呈现出不同的功能配套及与之相适应的景物搭配。但是无论哪一种类型的室内空间，其最基本的六个空间界面是不会少的。也就是说，无论表现的是哪一种类型的室内空间，在画面上都会出现四个以上的空间界面。我们只要把这些界面近大远小的透视准确度，以及各界面之间形态的大小比例关系表现出来，就已经算是成功一半了。接下来就可以根据不同类型的室内空间画一些与之相应的家具配套功能及陈设组合。

　　学习要点：掌握焦点透视在室内空间中的运用，以及室内家具近大远小的比例关系。同时，注意线条的流畅性及形态之间的疏密关系。

　　课题作业：徒手绘制几种不同视点的室内空间。

　　要求：理解并掌握室内空间的透视、家具的比例关系，以及表现的方法。

　　材料与工具：中性水笔、美工笔、马克笔、彩铅均可，绘图纸或卡纸。

　　作业讲评：对作业进行学生自评、互评与老师讲评相结合的形式。

　　画室内空间最重要的是空间感的营造。因此，理解与掌握不同透视的原理与表现形式，以及不同视点的透视空间形式是画好室内空间最重要的第一步（图例四1）。

　　在进行写生的同时，可以先临摹一些比较好的作品。因为在临摹的过程中，你能够实际的体会与理解这些作品之所以好的原因所在。另外，通过临摹还可以训练我们对画面整体色彩的概括能力（图例四23~27）。

## 第二节 家具与陈设配套

　　在室内空间中，家具与一些相应配套的陈设是必不可少的。因为家具在室内空间中起到实用的功能。而一些配套的陈设又起到美化环境的装饰作用。另外，不同的的室内环境应该配上与之相适宜的家具与陈设。

　　学习要点：掌握表现不同类型的家具与陈设配套的形态特征与结构的方法。

　　课题作业：徒手绘制不同类型的家具与陈饰品。

　　要求：对家具与陈设的形态特征

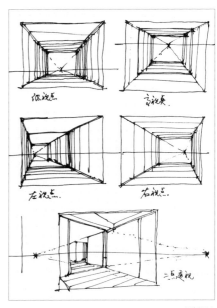

图例四1

图例四 2 王昌建

图例四 3 王昌建

图例四 4 王昌建

图例四 5 王昌建

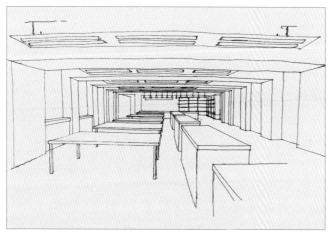

图例四 6 张研燕

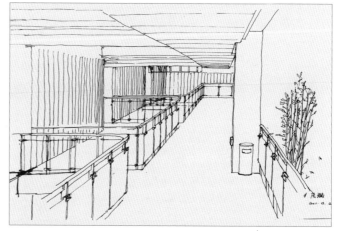

图例四 7 庞璐

图例四 8 土文津

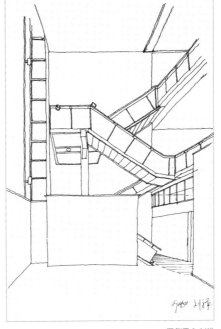

图例四 9 刘祥

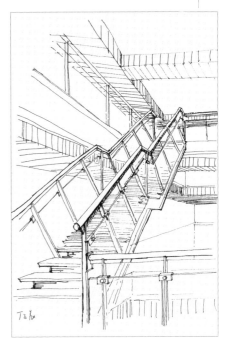

图例四 10 丁子晨

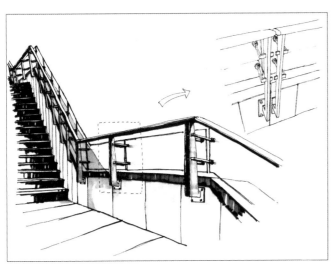

图例四 11 丁子晨

图例四 12 张皓

图例四 13 张妍燕

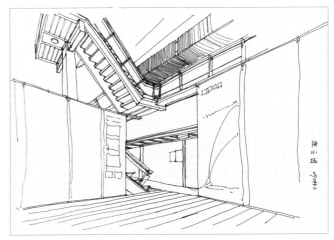

图例四 14 张小远

图例四 15 张欣宜

图例四 16 丁子晨

图例四 17 姚桂凯

图例四 18 刘祥

图例四 19 刘家龄

图例四 20 王绪男

图例四 21 潘美程

图例四 22 王程娇

图例四 23 潘美程

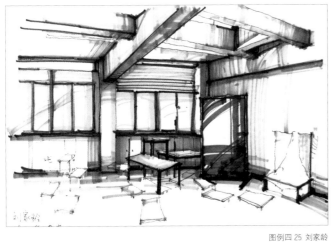

图例四 25 刘家龄

图例四 26 李怡然

图例四 24 潘美程

图例四 27 丁子晨

图例四 28 丁子晨

图例四 29 尹萍

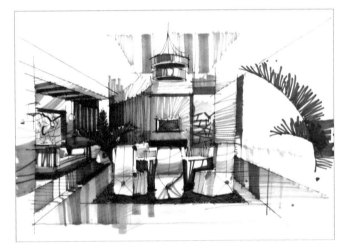

图例四 30 潘美程

图例四 31 卜义洁

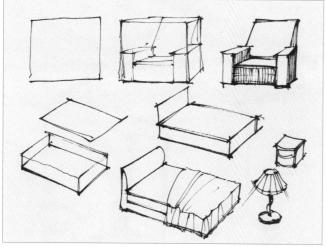

图例四 32 王昌建

图例四 33 王昌建

图例四 34 王昌建

图例四 35 王昌建

图例四 36 王昌建

图例四 37 潘美程

图例四 38 卜义洁

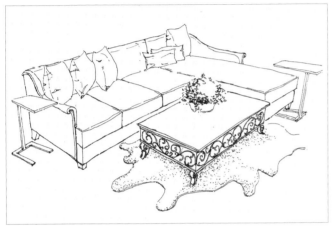

图例四 39 丁子晨

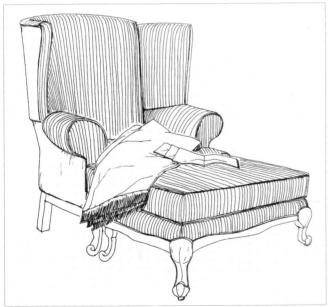

图例四 40 张研燕

图例四 41 庞璐

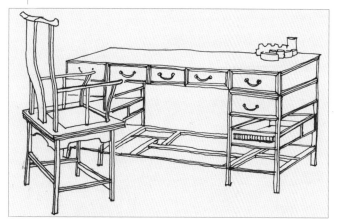

图例四 42 张皓

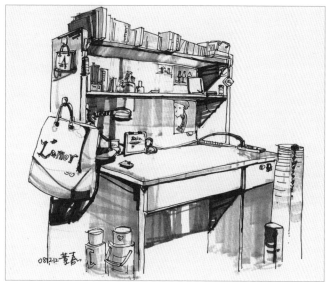

图例四 44 董嘉

图例四 43 张欣宜

图例四 45 潘美程

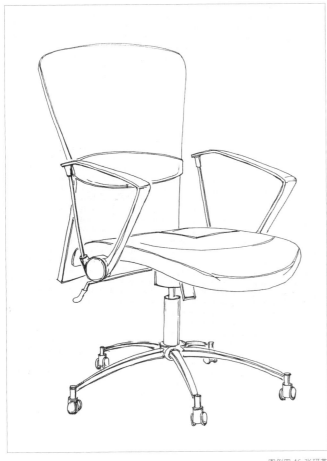

图例四 46 张研燕

图例四 47 潘美程

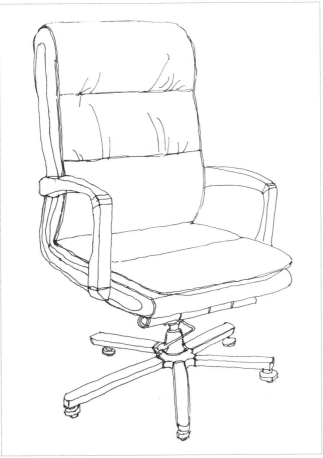

图例四 48 尹萍

图例四 49 刘家龄

图例四 50 潘美程

与结构要表达明确，线条要流畅。

材料与工具：中性水笔、美工笔、马克笔、彩铅均可，绘图纸或卡纸。

作业讲评：对作业进行学生自评、互评与老师讲评相结合的形式。

图例四 51 刘慧超

# 第五章　建筑形态的拓展训练

## 第一节　综合性的视觉笔记

所谓视觉笔记是指用图像来记录文字无法完全描述的视觉信息。而综合性的视觉笔记是通过文字、影像及视觉性符号的综合，记录与表现出作者对事物的表象及内在心灵的思想感悟。它所注重的是观察、分析、思考及概括性与局部细节记录过程的体验。

我们说现代社会的高速发展，造就了许多应用性操作的快捷性。尤其是照相、电脑等科学技术的日新月异，为我们的形态操作带来了许多便利。可以说在当下这个时代，如果你不能掌握这些工具，就无法跟上时代的步伐。但是，也正是这些便捷的工具，培养了人们习惯性的依赖。而这种依赖不仅体现在形态的操作层面，关键是思考的过程。试想，当你在不断快速的摁下照相机快门时，记录下来的会是什么？——真实的图像。但它不可能记录你的思想，也不能记录你瞬间感悟到的某种联想或灵感，更不可能记录你想要表现的关于形态造型所带来的其他内容。因此，我们认为想要成就一名优秀的设计师或艺术家，仅仅依恋于照相机的便捷是不够的。而作为综合性的视觉笔记所要解决或弥补的，正是由于现代社会过份高速发展的快速与便捷性所潜衍生出来的急功近利与浮躁的弊端。我们希望人们在适当的时候能够把速度放慢下来，用心灵来感悟这个世界。

学习要点：通过对某一区域的城镇规划、建筑或自然景点的观察与分析，将感悟与思考的内在过程，用概括性的图式、符号、文字、照片等综合性的表现手法记录下来。以此体验视觉与思考的过程或可能出现的某些联想与灵感。

课题作业：

1. 选择任意对象进行观察分析与思考，并用图文并茂的综合性表现手法，进行记录与表现。

要求：平面的地貌图、各种功能要素的分析图（可以运用各种图式、符号、文字等进行表达）、及透视草图等。（数量不限）

2. 对形态及组合进行联想与变化可能性的思考与分析（包括外部信息与内心的感悟），并用文字记录感受与联想的内容。

要求：确切的表达思考后的感受，字数不限。

3. 对形态的某些局部性重要的结构细节进行深入刻画，并进行实景拍摄。

要求：至少刻画两个细节点，并标注材料与结构的特征。拍摄照片的数量不限。

材料与工具：中性水笔、马克笔、彩铅及照相机，绘图纸或卡纸。

作业讲评：对作业进行学生自评、互评与老师讲评相结合的形式。

**视觉笔记案例一、《苏州博物馆》(设计者－贝聿铭)（图例五1～19）**

作者：同济大学建筑城规学院09规划班，庞璐。指导老师：王昌建

《视觉笔记感悟》

根据作业的要求，我选择了贝聿铭先生设计的《苏州博物馆》为视觉笔记的对象。并对其进行了较为详细

图例五 1

图例五 2

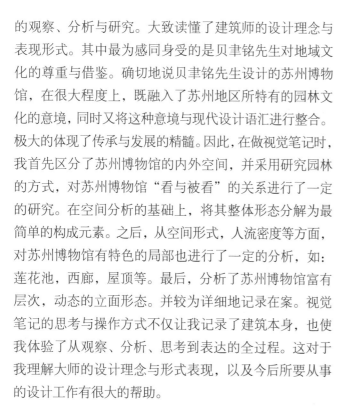

图例五 3

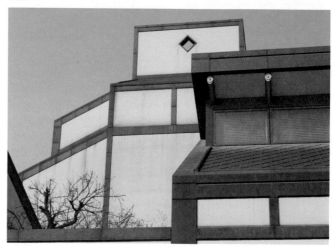

图例五 6

的观察、分析与研究。大致读懂了建筑师的设计理念与表现形式。其中最为感同身受的是贝聿铭先生对地域文化的尊重与借鉴。确切地说贝聿铭先生设计的苏州博物馆，在很大程度上，既融入了苏州地区所特有的园林文化的意境，同时又将这种意境与现代设计语汇进行整合。极大的体现了传承与发展的精髓。因此，在做视觉笔记时，我首先区分了苏州博物馆的内外空间，并采用研究园林的方式，对苏州博物馆"看与被看"的关系进行了一定的研究。在空间分析的基础上，将其整体形态分解为最简单的构成元素。之后，从空间形式，人流密度等方面，对苏州博物馆有特色的局部也进行了一定的分析，如：莲花池，西廊，屋顶等。最后，分析了苏州博物馆富有层次，动态的立面形态。并较为详细地记录在案。视觉笔记的思考与操作方式不仅让我记录了建筑本身，也使我体验了从观察、分析、思考到表达的全过程。这对于我理解大师的设计理念与形式表现，以及今后所要从事的设计工作有很大的帮助。

**视觉笔记案例二、山西省博物院（图例五 20～30)**

作者：同济大学建筑城规学院 09 规划班，刘家龄。指导老师：王昌建

**视觉笔记案例三、故乡随笔速写（图例五 31～39)**

作者：同济大学建筑城规学院 09 规划班，张皓。指导老师：王昌建

图例五5

图例五4

图例五7

图例五8

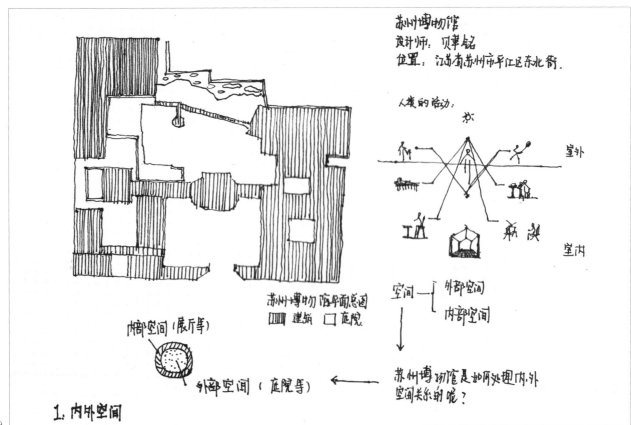

图例五9

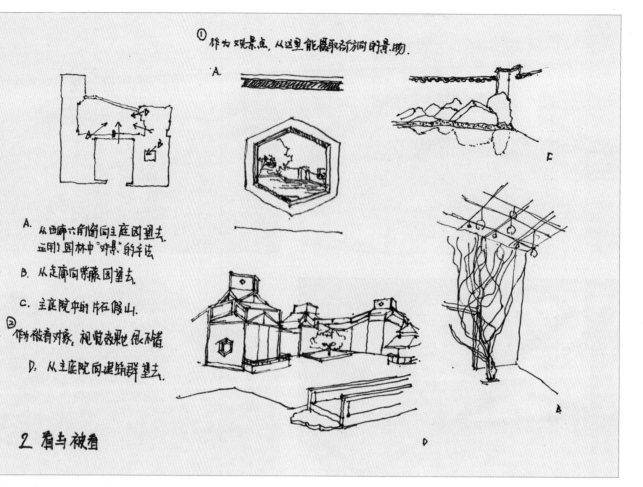

① 作为观景点，从这里能摄取各方向的景物。

A. 从回廊六角窗向主庭园望去，
   运用了园林中"对景"的手法

B. 从走廊向紫藤园望去

C. 主庭院中的片石假山。

② 作为被看对象，视觉效果也很不错。

D. 从主庭院向建筑群望去。

**2 看与被看**

图例五 10

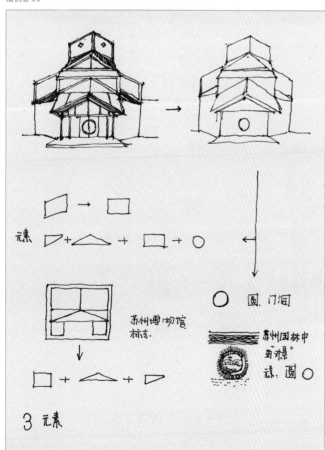

**3 元素**

图例五 11

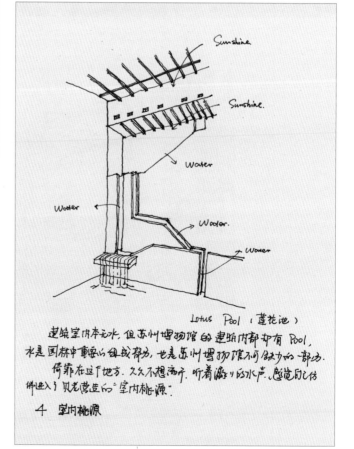

Lotus Pool（莲花池）

建筑室内本无水，但苏州博物馆的建筑内部却有 Pool，水是园林中重要的组成部分，也是苏州博物馆不可缺少的一部分。
荷靠在这个地方，久久不想离开，听着潺潺的水声，感觉仿佛进入了贝老营造的"室内桃源"。

**4 室内桃源**

图例五 12

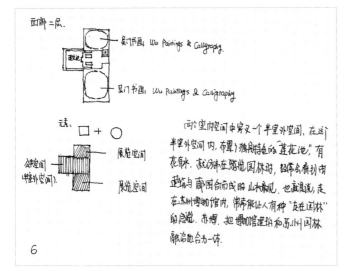

图例五 13

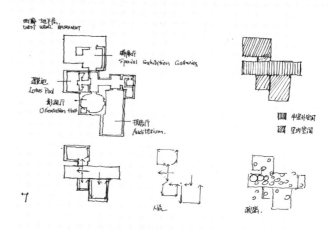

图例五 14

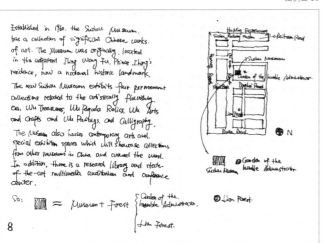

图例五 15

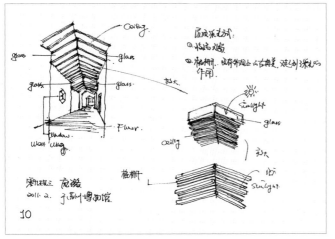

图例五 16

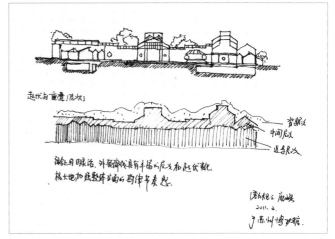

图例五 17

图例五 18

图例五 20

图例五 19

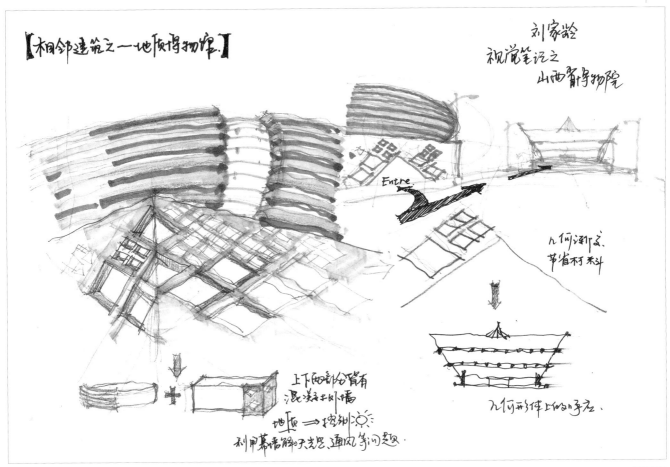

【相邻建筑之——地质博物馆.】

刘家驼
视觉笔记之
山西省博物院

Entre.

几何渐变.
节省材料.

上下两部分皆有
混凝土外墙
地质 → 挖掘
利用幕墙解决天光、通风等问题.

几何形体上的构件.

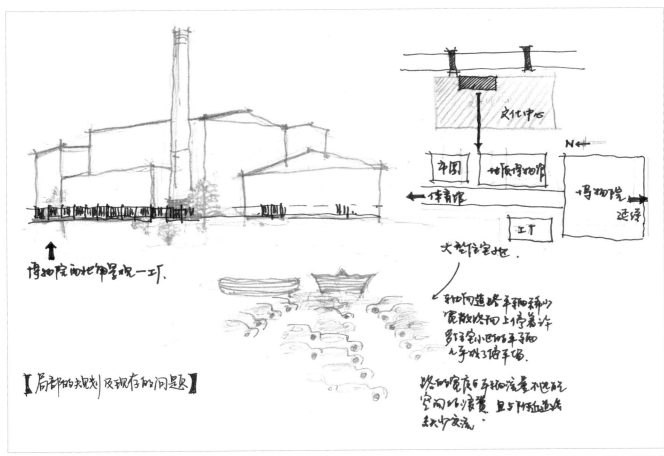

文化中心
本园
地质博物馆
体育馆
工厂
博物院
延伸
N

博物院前地铺景观一瞥.

大树在宅地.

【局部的规划及现存的问题】

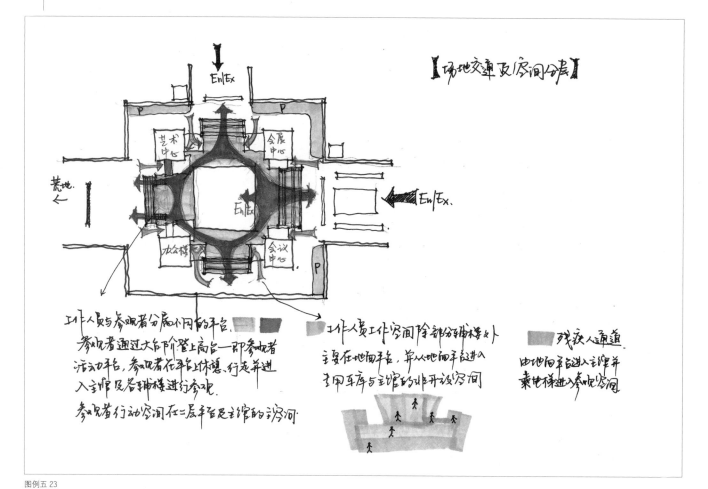

工作人员与参观者分属不同的平台.
　参观者通过大台阶登上高台一即参观者
活动平台,参观者在平台上休憩,行走并进
入主馆及各辅楼进行参观.
　参观者行动空间在二层平台是主馆的沟河.

工作人员工作空间除部分辅楼外
主要在地面平台,并从地面平台进入
主用车库与主馆的非开放空间

残疾人通道
由地面平台进入主馆并
乘电梯进入参观空间

图例五 23

【四角辅楼外观及细节】

向外舒展→檐(出挑).

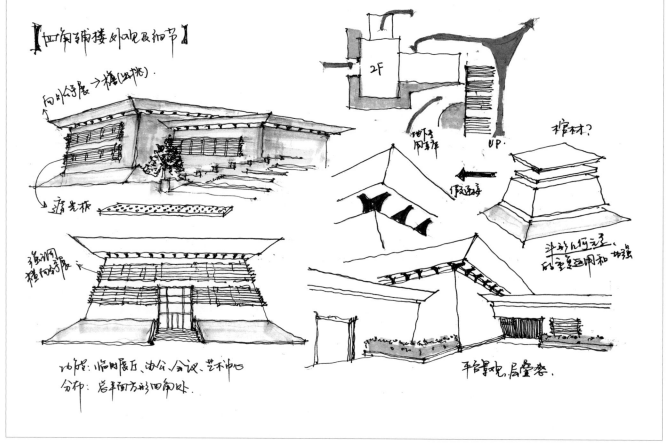

功能: 临时展厅、办公 /会议、艺术中心
分布: 居主面方形四角外

平台景观,局堂看.

图例五 24

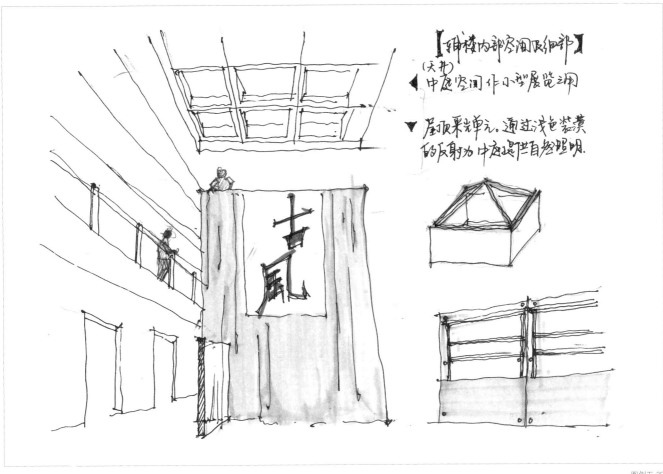

【裙楼内部空间及细部】
(天井)
◀ 中庭空间作小型展览空间

▼ 屋顶采光单元。通过浅色装模的反射为中庭提供自然照明。

图例五 25

【主塔造型】

注型姬剧似斗
四壁舒展。

薄斗形的屋盖
处楼。在转折
处露出钢架结构的末端。形如乳钉。
表面铺砖。

裙楼与主塔

嵌套与互补·呼应

1中长想
中国古建筑挑梁
的美想

斗拱模仿。似乳钉
同时是钢架结构的一部分。

图例五 26

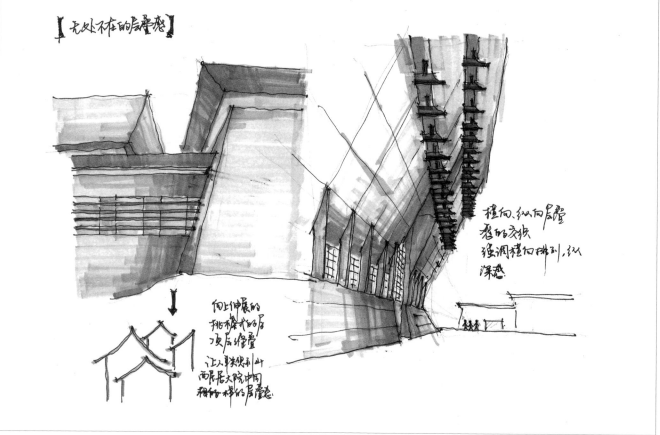

【无处不在的层叠感】

横向、纵向层叠
看的交织
强调横向排列，纵
深感。

向上伸展的
挑不拳式的屋
顶层叠
让人联很利山
两展居大院中间
和相扩梯的层叠感。

图例五 27

【主馆的照明处理】

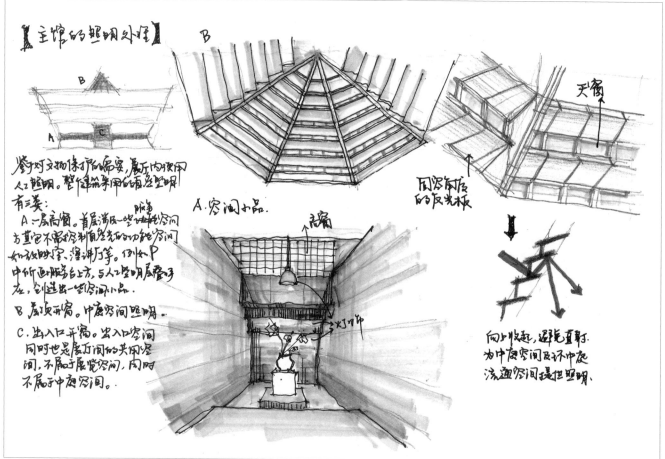

鉴于文物保护所的需要，展厅内须用
人工照明。整个建筑采用的照明空间
有三类：

A 一层高窗。首层满足一些功能性较强空间
为其它不需控制自然光的功能空间
如放映室、强讲厅等。例如P
中所画的陈与台上方，5人工照明层叠方
左，创造出一些空间小品。

B 屋顶开窗。中庭空间照明。

C 出入口开窗。出入口空间
同时也是展方间的共用空
间，不属于展览空间，同时
不属于中庭空间。

A. 空间小品.

B

天窗

同深屋顶
的反光板

向上收起，避免直射.
为中庭空间及不中起
流通空间提供照明.

图例五 28

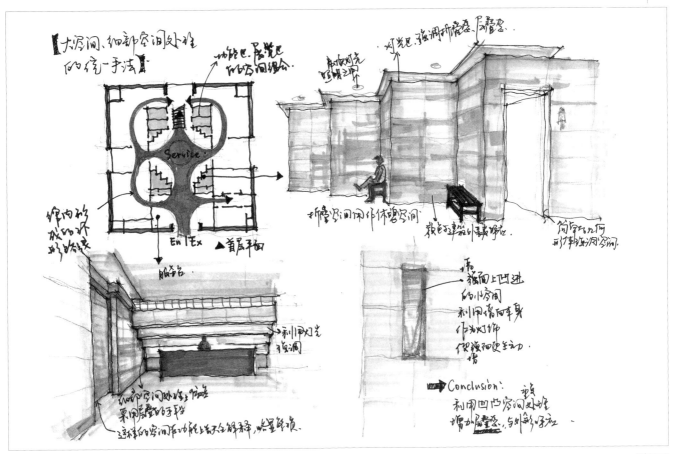

图例五 29

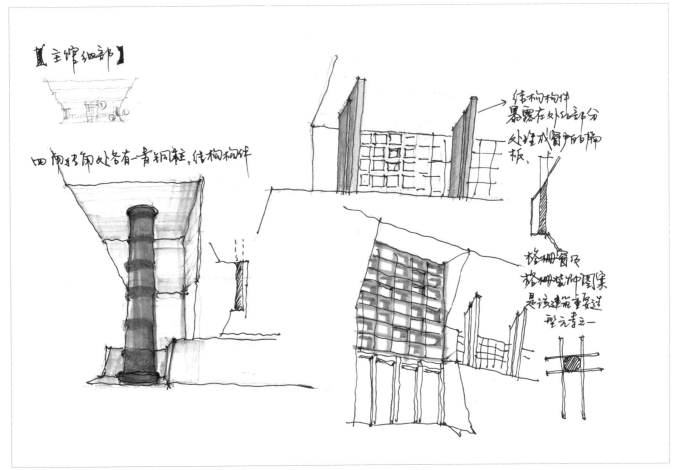

图例五 30

图例五 31

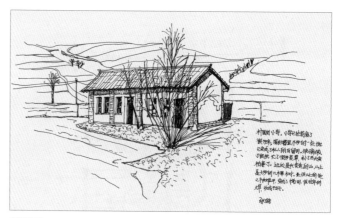

图例五 32

图例五 33

图例五 34

图例五 35

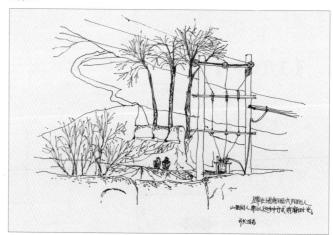

图例五 36

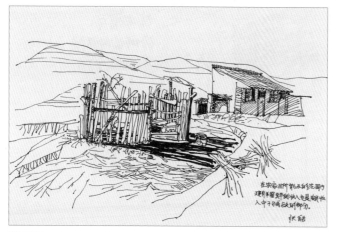

图例五 37

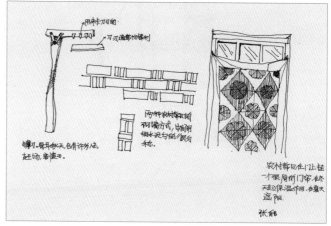

图例五 38

一些废弃的窑洞经
过修葺围来养羊. 几乎
家家都养羊.

张昭

图例五 39

## 第二节 建筑形态的拓展设计与表现

建筑形态的拓展设计表现，其宗旨是对于创造性设计思维与表现方式的培养。它是建立在学习大师们造型设计语汇的基础上，对建筑形态的拓展设计与表现，在变化的可能性与可行性方面进行主观再设计与表现的探索。具体的形式表现是引导学生对大师作品进行扬弃式的重新定位。以此开拓他们的设计思维并激发他们创造性的设计与表现的冲动。

学习要点：在临摹大师作品时，要分析作品中形态元素与设计语汇之间的组合，之所以如此的根据所在（包括内在理念与外在形式感）。在对原作进行重新设计与表现时，要用时尚或主观的理念与表现形式，力求达到"神似形变"的效果。

课题作业：1. 临摹某一大师的经典设计作品（外部形态）。

要求：尽量接近原作的精神。

2. 进行主观的重新设计与表现。

要求：既体现原作的某些特征，又能够有自己的主观感悟与个性化的形式语言。同时，要将重新设计的理念与思路通过分析图的形式表现出来。

材料与工具：中性水笔、美工笔、马克笔、彩铅均可，绘图纸或卡纸。

作业讲评：对作业进行学生自评、互评与老师讲评相结合的形式。

**拓展设计表现案例一、《朗香教堂》（设计师－勒．柯布西耶）（图例五 40～42)**

拓展设计作者：同济大学建筑城规学院 09 规划班，潘美程。指导老师：王昌建

设计感悟：

我选择进行建筑形态拓展设计的作品，是 20 世纪著名建筑大师勒.柯布西耶的《朗香教堂》。这是柯布西耶最具创意，也是最为震撼和最具表现力的代表作。教堂造型奇特，不规则的平面与几乎完全不同的卷曲着的墙体，使人联想到原始社会的巨石建筑，甚至更多。可以说它既摒弃了传统教堂的模式又不同于现代建筑的一般性手法。有人把它比喻为"凝固的音乐"，甚至超越了近代与现代建筑史上所有的建筑模式。但也有人把它比喻为"一个怪诞的建筑物"。无论有多少见人见智的评价，在我的眼中它是一座既引人入胜又让人产生无限遐想的伟大建筑。

在进行重新设计时，我根据原作品的造型特征，将建筑的顶部、墙体的造型更加夸张，以大体块扭曲作为形式语言，再结合形态的功能组合，最后形成这幅改造后的作业。这样的课题练习，有助于我们通过分析案例，理解大师的作品之所以如此精彩的根据所在。而在重新设计的同时，又可以开阔我们的设计思路。

**拓展设计表现案例二、《朗西拉一号》（设计师－马里奥．博塔）（图例五 43～48)**

拓展设计作者：同济大学建筑城规学院 09 规划班，王程娇。指导老师：王昌建

图例五 40

图例五 41

图例五 42

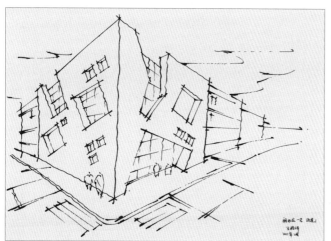

图例五 43

图例五 44

图例五 45

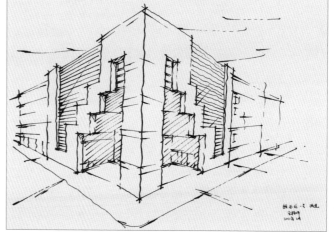

图例五 46

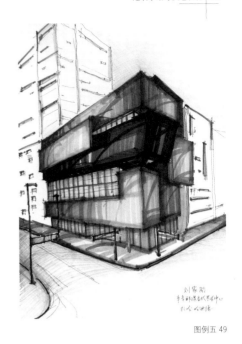

朗西拉1号 再设计
王程壕

图例五 47

刘家龄
辛辛那提当代艺术中心
扎哈 分析图

图例五 49

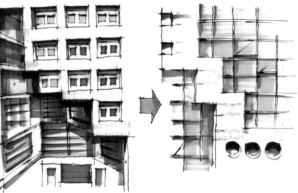

设计说明

原朗西拉建筑
持抗的光墙柱
成解构的的建筑
风格 作品中
出现的等建
让人方是接自
柱面的几何行
设计

建康博时展作的几行
守精神，对于朗西拉
一号再设计抓住原
那主要所构体式的几
行书态，配以大视化建筑
的玻璃幕墙，立面上的
现性元素，也力在具几
行纸集，让人们记性这
建筑的效果。

在两设计连接中，同样应施了
博时中心对极的设计海志
再达主角形式的重构 仮
神风而那手件凡。
王程壕

图例五 48

图例五 51

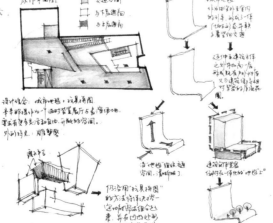

原作空间与形态分析

刘家龄
建筑设计分析图

图例五 50

**拓展设计表现案例三、《辛辛那提当代艺术中心》（设计师－扎哈.哈迪德）（图例五 49～51）**

拓展设计作者：同济大学建筑城规学院09规划班，刘家龄。指导老师：王昌建

图例五 52

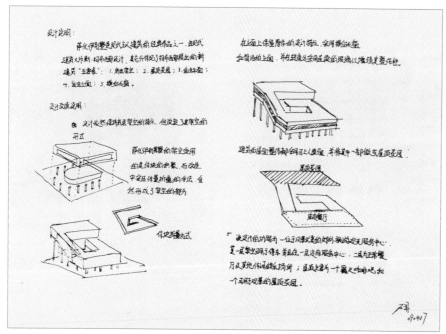

图例五 53

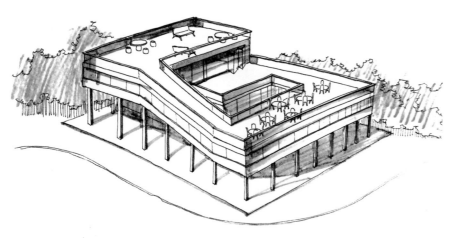

图例五 54

**拓展设计表现案例四、《萨伏伊别墅》（设计师 – 勒．柯布西耶）（图例五 52 ~ 54)**

拓展设计作者：同济大学建筑城规学院 09 规划班，石闻。指导老师：王昌建

图例五 55

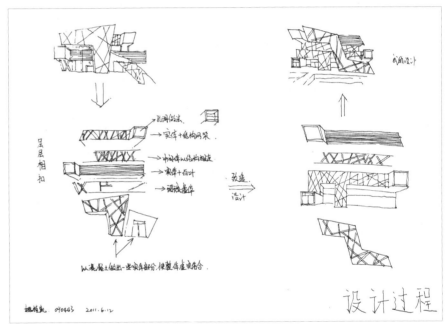

图例五 56

**拓展设计表现案例五、《宜兴酒店夜总会》**（设计师－吴立东）（图例五 55 ~ 57）

拓展设计作者：同济大学建筑城规学院09规划班，姚桂凯。指导老师：王昌建

图例五 57

设计作品

张皓

图例五 58

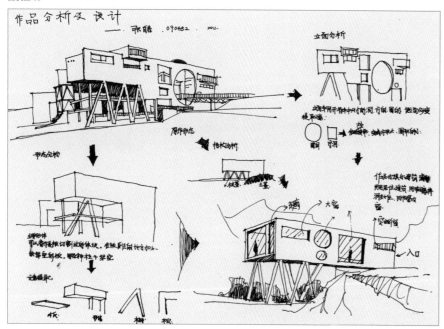

图例五 59

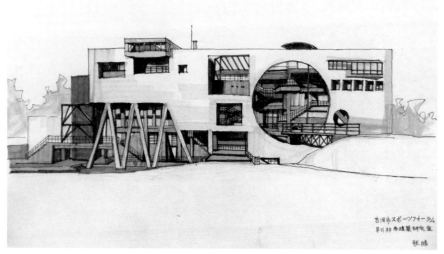

拓展设计表现案例六、《日本古河娱乐场》（设计师－早川邦彦建筑研究院）（图例五 58～60)

拓展设计作者：同济大学建筑城规学院 09 规划班，张皓。指导老师：王昌建

图例五 61

图例五 62

**拓展设计表现案例七、《荷兰 Utrecht 大学》（设计师 –UN Studio 设计事务所）（图例五 61～63）**

拓展设计作者：同济大学建筑城规学院 09 规划班，丁子晨。指导老师：王昌建

图例五 63

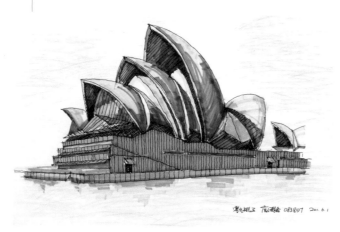

图例五 64

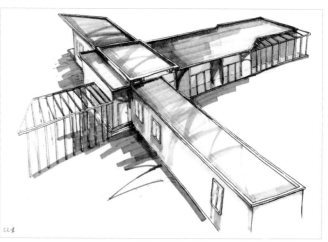

图例五 66

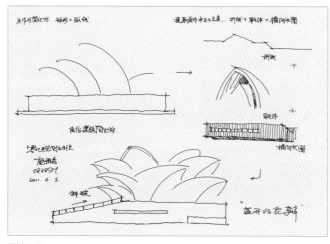

图例五 65

图例五 67

图例五 68

**拓展设计表现案例八、《悉尼歌剧院》(设计师－JOEM UTZON）（图例五 64 ~ 66)**

拓展设计作者：同济大学建筑城规学院 09 规划班，庞璐。指导老师：王昌建

**拓展设计表现案例九、《CASE STUDY HOUSE13 号》(设计师－诺伊特拉）（图例五 67 ~ 68)**

拓展设计作者：同济大学建筑城规学院 09 规划班，王文津。指导老师：王昌建

# 第六章　透视图的表现与快题案例

## 第一节　建筑设计的课题内容

建筑设计因其类型的不同，有着不同的基本技术参数。这些基本的参数，是设计者所必须了解与掌握的。因此，在进行建筑方案设计之前，我们首先应该根据主题的内容，仔细审视任务书，并认真理解其基本的技术参数。例如：基地范围、规划的红线位置、总建筑面积、建筑容积率、绿地率、楼层数量及机动车车位等等。同时，还要根据基本功能的要求，选择在图纸上的比例和数量。

当以上这些基本的信息完全理解与掌握以后，在基地的范围内快速的构想出基本的总平面方案草图。同时，进行功能的分析与安排，并构想建筑外立面的形态、色彩的搭配、材料的运用、建筑形态与周围环境的融合，以及表现的方式等。通过这些系统性的构想，以某一设计理念为切入点，进行初步的方案设计。在设计的过程中，不仅要充分理解和分析方案的主题内容，更要思考以何种设计理念与形式美感来体现主题内容。并最终以总平面图、各层平面图、立面图、剖面图、透视效果图、以及设计说明，来确立方案设计的表现形式。

学习要点：掌握所需设计的主题内容及各种基本技术参数。以某一设计理念为切入点，来确立方案设计的表现形式。并根据步骤完成各类平面图、立面图、剖面图、以及设计说明。

课题作业：

1. 根据所提供的资料确立设计理念。

2. 完成设计方案的草图。

3. 绘制各类平面图、立面图、剖面图、以及设计说明。

要求：

1. 设计理念及最终的形式表现必须符合资料所提供的内容。

2. 设计的方案要体现时代感。

工具与材料：铅笔、针管笔、中性水笔，直尺、绘图纸、硫酸纸等。

作业讲评：对作业进行学生自评、互评与老师讲评相结合的形式。

一、建筑设计任务书及步骤

《艺术家工作室》

该设计任务是某大型社区俱乐部性质的小型建筑。主要为艺术家的艺术创作、研讨、展示，以及社区的精神文明建设提供交流的场所。建设用地及周边环境见附图。基地总面积2600 ㎡（总建筑面积700 ㎡左右，正负不超过10%）。

主要内容：

1. 展　厅（一间）140 ㎡左右

2. 会议室（一间）30 ㎡左右

3. 收藏室（一间）30 ㎡左右

4. 工作室（二间）自定

5. 办公室（二间）自定

6. 资料室（二间）自定

7. 生活区域 100 ㎡左右

设计要求：

1. 功能合理，造型独特

2. 建筑楼层 1-2 层

3. 砖混或框架结构均可

4. 图纸规格：594cm×420cm

图纸要求：

1. 总平面图 1：500

2. 各层平面图 1：200

3. 立面图 2 个 1：200

4. 剖面图 2 个 1：200

5. 透视图 1 个（表现形式不限）

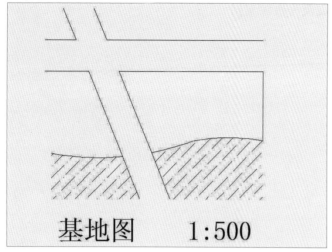

图例六 1

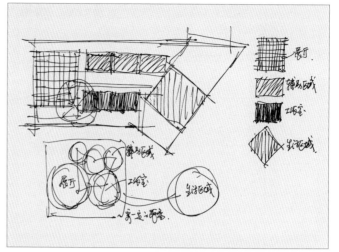

图例六 2

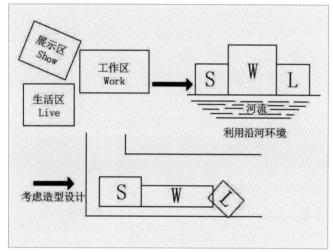

图例六 3

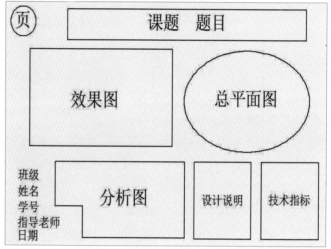

图例六 4

6. 必要的分析图（自定）

7. 设计说明

8. 主要技术指标

步骤一：根据任务书的内容，首先思考所要设计的主题内容，其中包括确立一个设计理念。并考虑以什么样的形态造型及造型的元素组合来表达这个设计理念。其次对周围的基地环境进行分析，包括朝向，道路车流、人流方向、坡地水面、景观朝向等方面进行分析，以确定出入口方向及主要功能房间的朝向等（图例六 1）。

步骤二：用草图形式（泡泡图设计法）开始进行基本平面的设计。将所设计空间的大小性质，依照尺寸大致画出来，然后同性质或互补性质的空间按照尺寸大小圈在一起，慢慢形成平面草图。可以用网格纸和半透明的草图纸或硫酸纸（图例六 2）。

步骤三：对各个不同区域之间的合理分布、与周围环境之间配套关系的安排，以及建筑造型的形式表现等。在思考的过程中，完成方案的草图设计。在草图阶段，要充分考虑到使用功能的合理性与形式的视觉美感（图

例六 3）。

步骤四：根据方案草图的内容进行排版。也就是确定图纸的数量、设计的尺寸范围。并将所要画的内容，在图纸上作一个合理的安排。可以先用铅笔将大概的位置作一个规划标注（图例六 4，5）。

步骤五：按顺序开始正式制图。首先绘制总平面图，在本基地中，设计方案靠近水面布置以取得较好的景观朝向，由北面主要道路引一条路道建筑前并设置前广场用于停车及人流集散，注意标注指北针、出入口方向、层数等基本信息，且需根据朝向表达出建筑的阴影（图例六 6）。

步骤六：绘制平面图，在景观朝向方面可考虑建筑室内外的交互空间，注意在一层平面图上需要表达大概的周围环境（图例六 7）。

步骤七：绘制立面图，与平面图的功能空间对应设计，立面上如有窗户的位置调整，需在平面上也进行调整，另注意建筑阴影及配景的表达（图例六 8）。

步骤八：绘制剖面图，如实表达设计的空间关系，

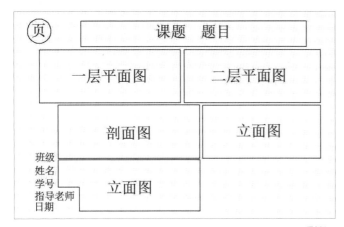

图例六 5

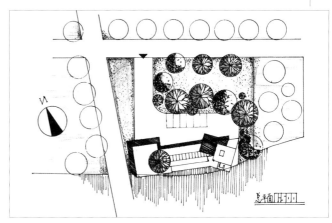

图例六 6

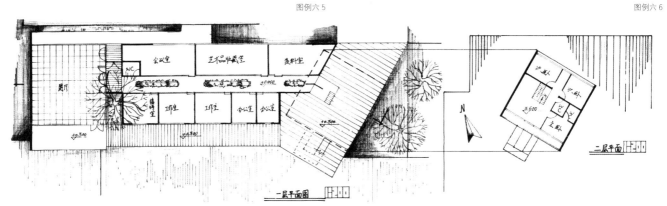

图例六 7

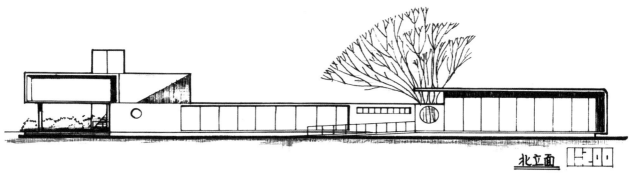

图例六 8

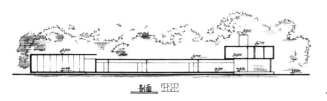

图例六 9

注意标注不同层面的标高（图例六 9 ）。

步骤九：选择主要立面的某一角度，进行透视效果图的绘制（图例六 10。另外，透视效果图的绘制参照本章第二节、建筑透视图的快速表现与步骤）。

步骤十：绘制分析图，对所设计方案进行功能排布、流线、设计思路、景观朝向等方面的简图分析，充分表达设计意图。并完成设计说明、经济技术指标，以及图签框的内容（图例六 11 ）。

图例六 10

图例六 11

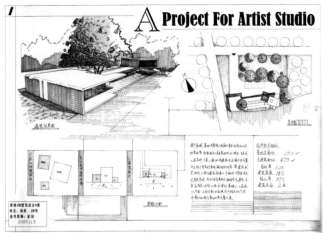

图例六 12

图例六 13

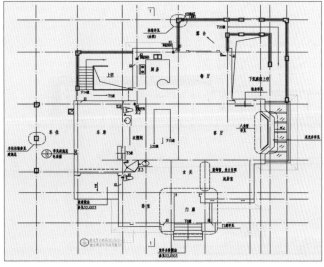

图例六 14

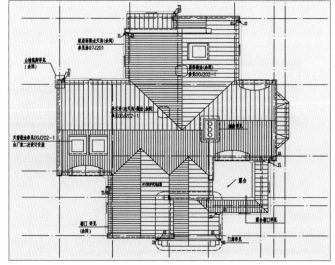

图例六 15

## 第二节 建筑透视图的快速表现与步骤

我们说由于平面图形在视觉上的局限性。因此，当平面的设计方案确定后，通常需要绘制一些透视效果图。主要的目的是对未来的建筑形态及周边环境的效果，有一个直接而明确的立体式视觉观感。应该说这是一种完善设计的再创作过程。通过透视图的绘制，我们可以发现并完善平面设计上的不足，并且充分表现出建筑的形态与周边环境的呼应关系。

所谓透视图就是根据透视的原理，通过近大远小的基本规律，在平面上表现一个具有三维立体空间感的绘图形式。它可以充分地表现出设计的形态样式与整体效果。因此，在对透视图进行绘制时，不仅要有理性的科学原理、更要有能够体现设计者主观的设计

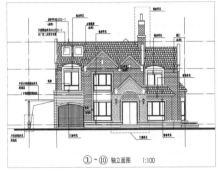

①~⑩ 轴立面图 1:100

图例六 16

图例六 17

图例六 18

图例六 19

图例六 20

理念与审美情趣。

学习要点：

1. 选择能够体现建筑设计主要形态的角度。

2. 运用合理的透视原理与表现形式。

3. 运用恰当的色彩关系及表现方法。

课题作业：建筑透视效果图的快速表现

要求：构图完整，形态的透视、比例准确，色彩关系运用恰当。并能够体现出该设计理念的形态特征与精神面貌。

工具与材料：直尺，铅笔、中性水笔、马克笔、彩铅、绘图纸、硫酸纸等均可。

作业讲评：对作业进行学生自评、互评与老师讲评相结合的形式

步骤一：对平面、立面图进行草图放样

根据平面图与立面图的内容（参照图例六 14、15、16、17），选择两个以上能够体现该建筑的主要特征与周围环境体貌的角度，进行透视图小稿的绘制。在画小稿时，要体现整体感而无需注重细节（图例六 18、19、20）。

步骤二：用铅笔进行正式稿的放样

在小稿中选择其中一个比较满意的草图，用铅笔进行正式放样（图例六 21）。

步骤三：完成线稿的绘制

用中性水笔画出完整的建筑形态及配景。在绘制的过程中，要注意建筑形态的结构、比例与透视的准确性（图例六 22）。

步骤四：完成明暗稿的绘制

用中性水笔或灰色的马克笔画出大概的明暗关系（图例六 23、24）。

图例六 21

图例六 22

图例六 23

图例六 24

图例六 25

图例六 26 王昌建

步骤五：营造色彩的大关系

用彩铅、马克笔绘制建筑形态及配景的整体色调。在铺大的色调关系时，应注意色彩在画面中的明暗、冷暖及纯度之间的关系。如果画面中有光影关系的，要把光影效果画出来（图例六 25 ）。

步骤六：作局部刻画与整体调整

用彩铅对主要形态进行深入刻画，并调整画面局部与整体之间的关系。以达到既有整体感又突出主要形态的视觉效果（图例六 26 ）。

图例六 27 王昌建

图例六 28 王昌建

图例六 29 王昌建

图例六 30

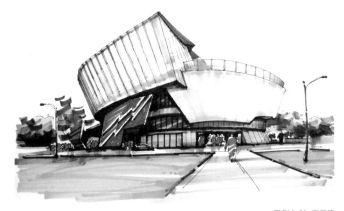

图例六 31 王昌建

图例六 32

图例六 33 王昌建

图例六 34

图例六 35 王昌建

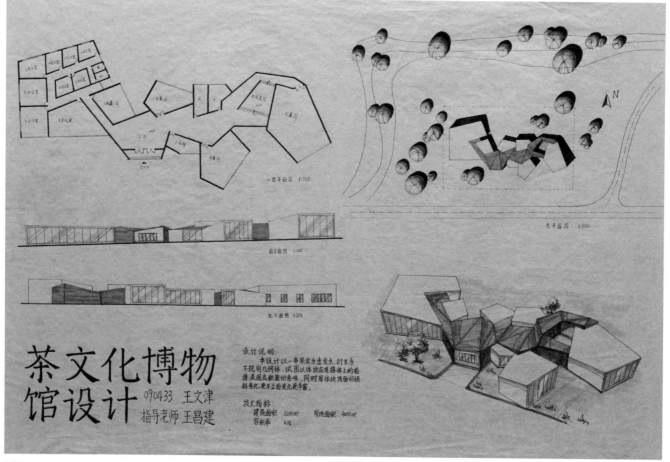

图例六 36

## 第三节　建筑设计快题实战案例

　　建筑设计快题作为提高方案设计能力的一种有效训练方式，已被所有建筑类的院校纳入课程体系。尤其当研究生的入学考试需要这样的形式表现时，掌握它也就成了必然。快题设计由于有时间限制，因此，需要着重关注几个方面的重点。首先必须符合功能要求及合理的整体布局，其次是富有创意的造型及空间营造，而广泛的设计基础知识与扎实的手绘表现能力更是快题设计表达的最终体现与保障。在本章节中，我们选择了一些学生的快题作业，供广大读者参阅。

　　**案例一：**

　　茶文化博物馆快题设计

　　同济大学建筑与城市规划学院 09 规划班王文津，指导老师：建筑基础教学团队

　　A2 草稿纸，直尺、铅笔、针管笔、马克笔，8 课时

　　**案例二：**

　　茶文化博物馆快题设计

　　同济大学建筑与城市规划学院 09 规划班 石闻，指导老师：建筑基础教学团队

　　A2 草稿纸，直尺、铅笔、针管笔、马克笔，8 课时

　　**案例三：**

　　茶文化博物馆快题设计

　　同济大学建筑与城市规划学院 09 规划班 潘美程，指导老师：建筑基础教学团队

　　A2 草稿纸，直尺、铅笔、中性水笔、马克笔、彩铅，8 课时

　　**案例四：**

　　汽车旅馆快题设计

　　同济大学建筑与城市规划学院 09 建筑班 陈文强，指导老师：建筑基础教学团队

　　A2 草稿纸，直尺、铅笔、针管笔、马克笔，8 课时

　　**案例五：**

　　汽车旅馆快题设计

图例六 37

　　同济大学建筑与城市规划学院 09 建筑班 李毅韩，指导老师：建筑基础教学团队

　　A2 绘图纸，直尺、铅笔、针管笔、马克笔，8 课时

　　**案例六：**

　　汽车旅馆快题设计

　　同济大学建筑与城市规划学院 09 建筑班 何啸东，指导老师：建筑基础教学团队

　　A2 绘图纸，直尺、铅笔、针管笔、马克笔、彩铅，8 课时

　　**案例七：**

　　汽车旅馆快题设计

　　同济大学建筑与城市规划学院 09 建筑班 邹洁，指导老师：建筑基础教学团队

　　A2 硫酸纸，直尺、铅笔、针管笔、马克笔、彩铅，8 课时

　　**案例八：**

　　汽车旅馆快题设计

　　同济大学建筑与城市规划学院 09 建筑班 赵婧婧，指导老师：建筑基础教学团队

　　A2 草稿纸，直尺、铅笔、针管笔、马克笔、彩铅，8 课时

　　**案例九：**

　　汽车旅馆快题设计

　　同济大学建筑与城市规划学院 09 建筑班 阮若辰，指导老师：建筑基础教学团队

　　A2 绘图纸，直尺、铅笔、针管笔、马克笔、彩铅，8 课时

　　**案例十：**

　　汽车旅馆快题设计

　　同济大学建筑与城市规划学院 09 建筑班 韩珺瑒，指导老师：建筑基础教学团队

　　A2 草稿纸，直尺、铅笔、针管笔、马克笔、彩铅，8 课时

　　**案例十一：**

　　汽车旅馆快题设计

　　同济大学建筑与城市规划学院 09 建筑班 卢倩华，指导老师：建筑基础教学团队

　　A2 草稿纸，直尺、铅笔、针管笔、马克笔、彩铅，8 课时

# 茶文化博物馆设计

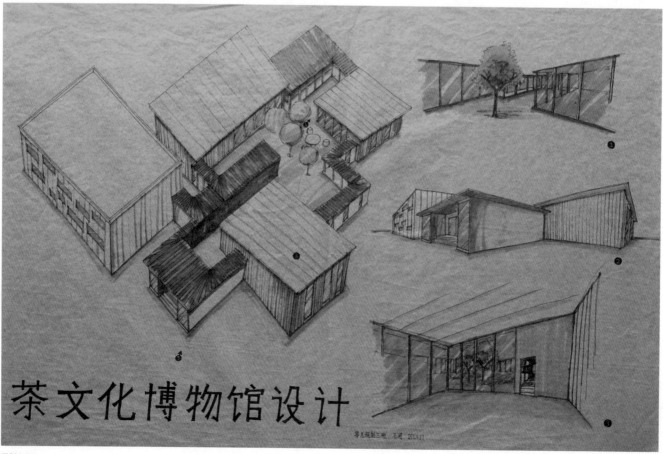

图例六 38

图例六 39

# 茶文化博物馆设计

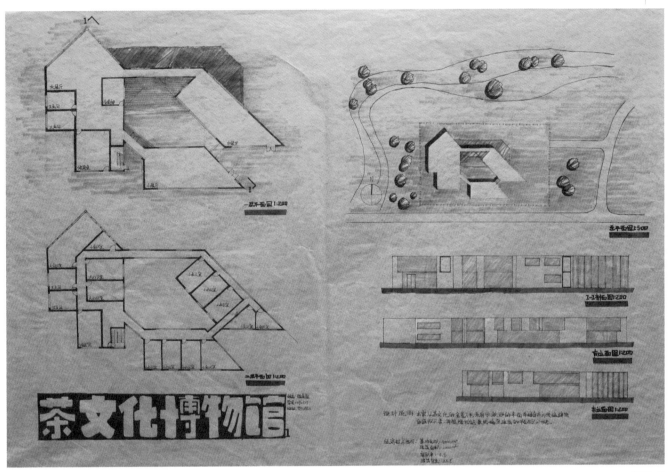

图例六 40

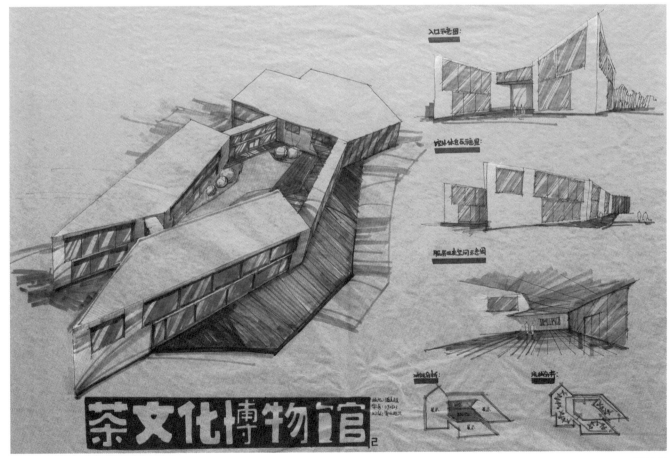

图例六 41

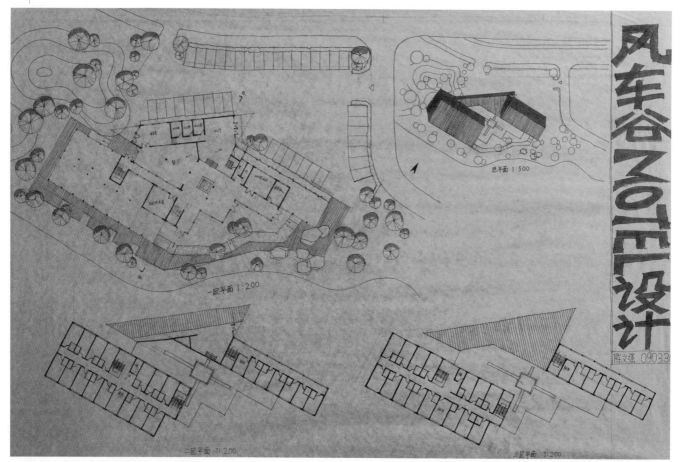

图例六 42

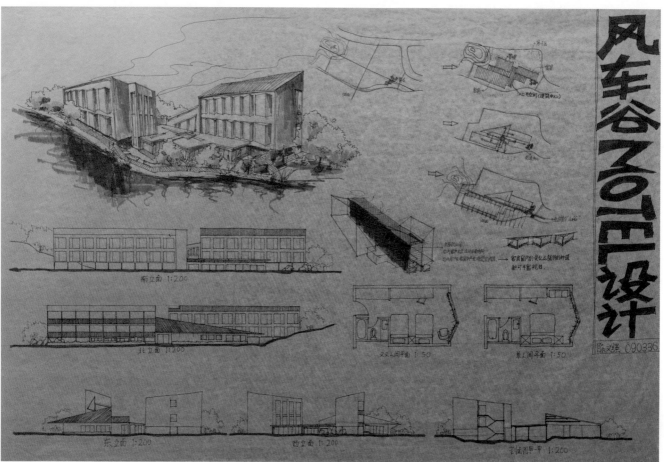

图例六 43

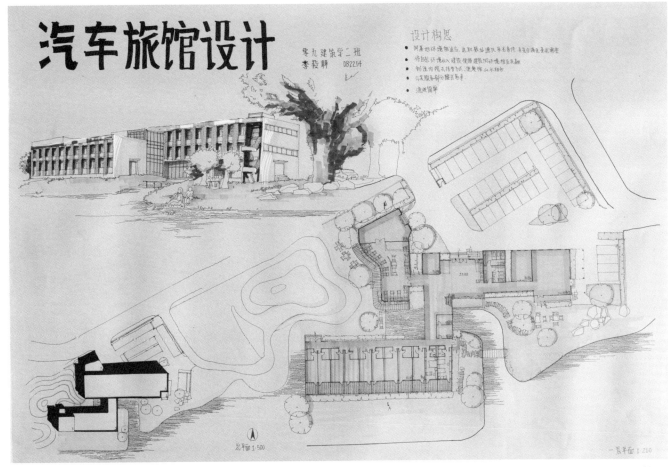

图例六 44

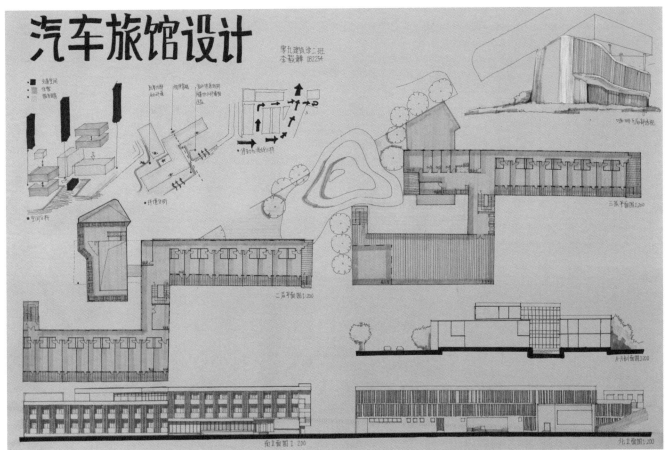

图例六 45

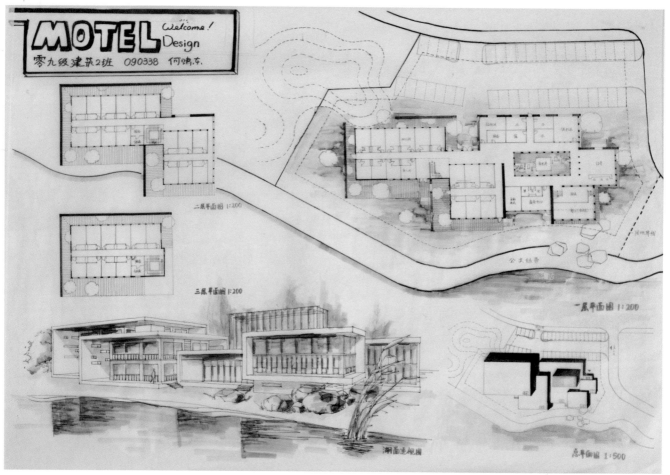

图例六 46

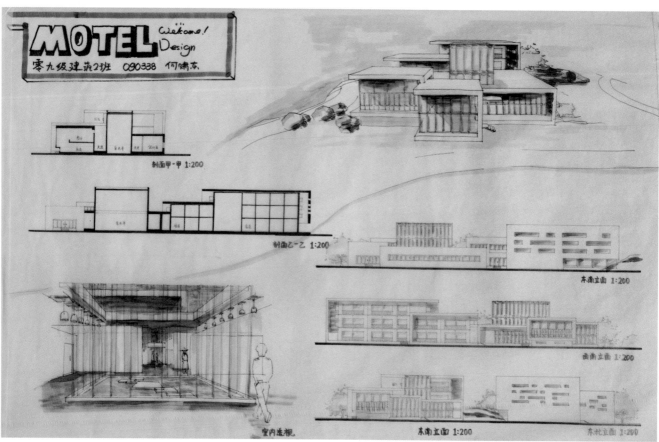

图例六 47

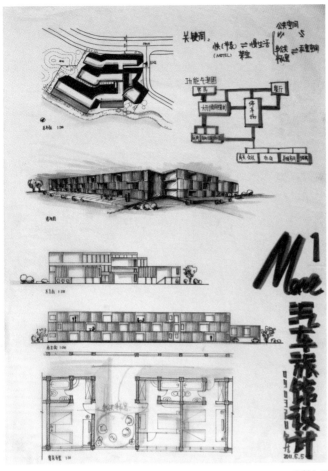

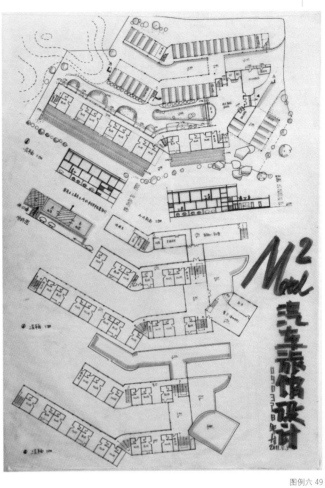

图例六 48

图例六 49

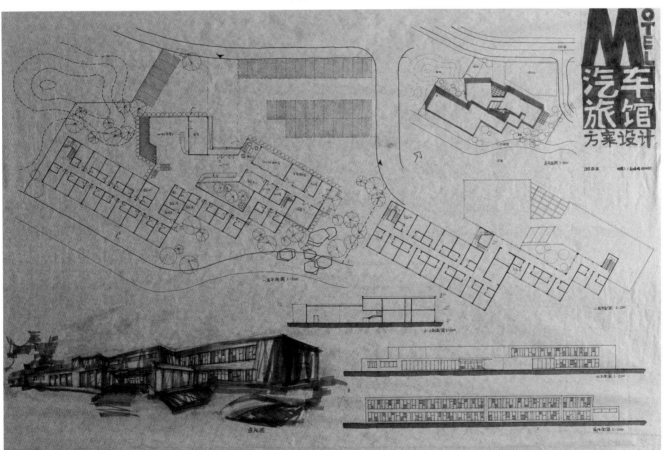

图例六 50

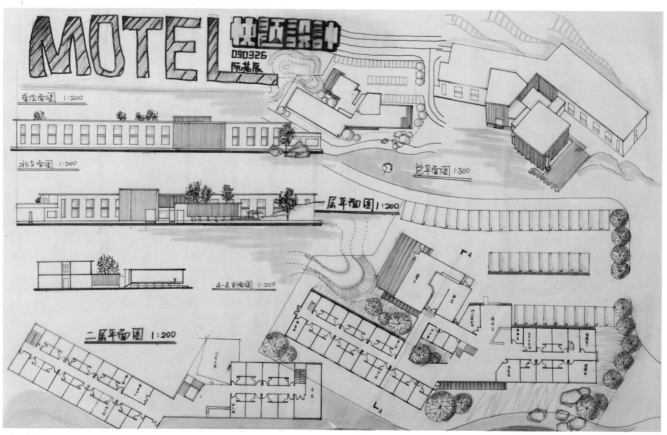

图例六 51

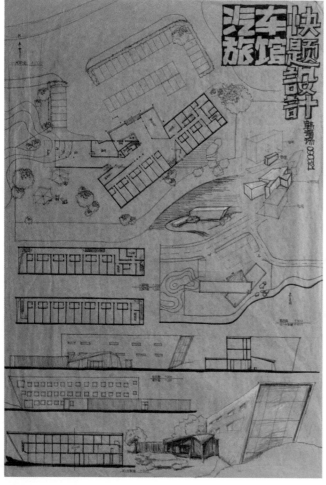

图例六 52

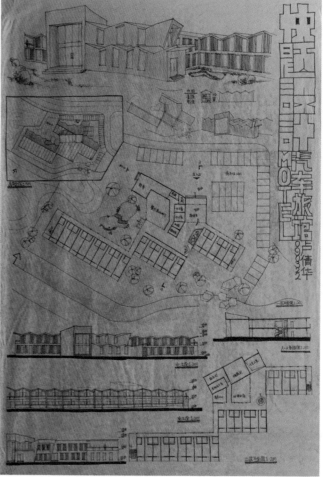

图例六 53

# 第七章 作品赏析

## 第一节 建筑风景写生作品

建筑风景写生是建筑设计基础课程必修的内容。通过写生，不仅可以解决形态造型在画面中的基本问题，如构图、透视、比例、线条与明暗等关系，还可以训练我们眼、脑、手及心智的高度统一。更重要的是当我们直面纷繁多样的大自然时，能够在审美与表现上，找到一种适合本人个性化的表达方式。

一幅优秀的写生作品，除了应该掌握对画面中形态的构图、透视、比例、色彩等关系的基本要素外，对画面整体感的把握、艺术化的处理手法等，都将起到决定性的作用。而运用何种形式与手法来进行表现与处理，主要看作画者的诉求与期许。

图例七 1：此画作主要是用线条来表现的。构图完整、透视准确，形态的比例关系恰当，线条与明暗关系运用到位。该交代的都已交代清楚，给人以严谨、扎实的视觉感受。写生画到如此程度，应属上乘之作。

图例七 2：在艺术的表达上，我们时常会谈所谓艺术化的处理手法。这幅写生作品中所表现出来的就是其中的虚实关系。它是任何一种造型艺术与设计都必然会采用的表现手法之一。

图例七 3、4：如果有人问，什么是明暗关系？什么是光与影的营造？什么是黑白灰的处理方式？请欣赏这两幅作品。因为，这些都已在他们的画面中表达的非常透彻，无需任何语言文字加以说明。

图例七 5：此画作是一幅完全用单线勾勒的写生作品。画面构图完整，用笔娴熟，形态之间的疏密关系处理得当。从画面上可以看出，作画者在画之前一定对未来画面的效果深思熟虑。然后，非常理性地从上到下、从左到右，把所要表现的景物描绘出来。

图例七 6、7：这两幅作品是钢

图例七 1　（美）Nithi Sthapitamonda

图例七2 王昌建

图例七3 （美）Douglas Saulsbury

图例七4 （美）Nithi Sthapitamonda

图例七5 王昌建

笔写生中的"快写"。就是我们通常讲的速写。分别用了十五分钟左右。所谓速写讲究的就是一个"快"字。但要达到这个"快"，必须同时具备扎实的造型基础与画前的深思熟虑，缺一不可。因为，有扎实的基础而不进行思考，画面很可能产生匠气。而有思想没有熟练的形态操作基础，也无法进行表现。

图例七8：此作乃2004年带学生进行写生实习时完成的。可以说是本人数十年来画写生最为酣畅的一次。画幅是四开的卡纸，用美工笔和单色马克笔完成。之所以得意，是因为如此大的画幅，仅仅用了30分钟左右的时间。当然，在落笔之前是进行了长时间的思考。但在开画以后，可以说一气呵成。现在回想起来，仿佛还能体味到当时那酣畅淋漓的感觉。

图例七10：这幅写生作品是用马克笔直接完成。先用灰色马克笔起稿，然后逐渐绘制。用时近三个小时。画面以灰色调为主，仅用了少许的绿色。画面给人的诉

求非常明确，就是想表现古村落那沧桑的痕迹。

图例七11：这幅以树根为主的作品可能是作图者在写生生涯中用时最长的。一边画一边思考，差不多用了近三个小时的时间。近乎于写生与创作之间。画幅也是四开

图例七6 王昌建

图例七 7 王昌建

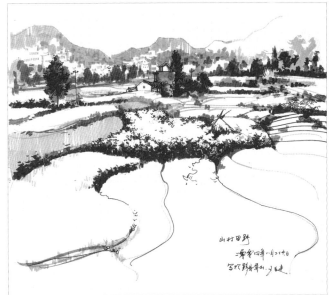

图例七 8 王昌建

图例七 9 王昌建

图例七 10 王昌建

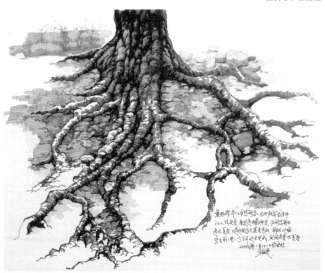

图例七 11 王昌建

图例七 12 王昌建

图例七 13 王昌建

图例七 14 王昌建

的卡纸，用马克笔完成。由于盘根错节的树根太复杂，容易造成画面的琐碎。因此，在写生过程中，既要将复杂的形态表现出来，又要使得画面不琐碎具有整体感。这就涉及到整体与局部细节的协调关系。应该说这幅作品在整体与局部及虚实关系的处理上，还是比较充分的。毕竟用了整整一个下午的时间。

图例七 14：画面的形态虽然比较简单，但竖构图的主题性非常明确。表现徽州古村落一个普通人家的门洞，门上的大红喜字表明这户人家有人刚刚完婚。画面的处理手法是光影关系的营造。采用马克笔在有色纸上运行。之所以用有色纸，是因为它的颜色接近古村落的色味。

## 第二节 建筑手绘表现作品

建筑手绘表现从形式与方法上来讲，可以分为二个阶段。第一阶段是电脑普及之前，第二阶段是电脑普及之后。电脑普及之前的建筑手绘表现，主要是以水彩、水粉、马克笔与彩铅为主。表现的形式与方法均为真实再现。尤其是水彩与水粉这两种材料，可以将设计图表现的非常逼真。但随着电脑的普及，这种逼真的表现形式与方法逐渐被取代。试想，同样作为一幅真实再现的表现图，传统的手绘需要很长时间来完成，而且不好修改。但电脑这科技玩意在制作方面的快捷与便利，使得它又快又逼真又便于修改。同时，又不限尺寸，且便于操作。所以，传统的材料被现代的科技所取代也就在所难免。当然，传统的表现材料与方法虽已不再主流，但它们在

图例七 15 阴佳

图例七 16 阴佳

审美方面还是具备一定欣赏价值的。因此，我们也选择了一些有代表性的作品，作为欣赏范例，推荐给大家。

建筑手绘表现的再次兴起，主要还是得归功于电脑。因为它虽然可以将设计图制作的以假乱真，而且还有许多优势。但由于它单一性程式化的模式以及对人性化的缺省，导致了它的制作形式千篇一律。也就是说当人们的视觉对同一模式感到厌倦以后，自然开始怀念富于人性化的手绘表现。当然，也有实际需求的推动。如：建筑师在早期的方案设计过程中的运用，建筑等设计类的研究生入学考试，注册建筑师考试等，都需要通过手绘的快题设计表现。因此，在沉寂了一段时间以后，以个性化表达与快速表现为主的建筑手绘，再次成为设计领域的宠儿而风靡一时。

图七 17、18、19：早期的建筑手绘最常用的表现形式是水彩。后来有了水粉、彩铅、马克笔与喷枪。这三幅作品的制作过程是先画完线稿。然后，根据线稿所要表现的内容用水彩上色。最后用喷枪点缀、马克笔调整效果。它的特点是画面中的形态结构明确，色彩效果清晰自然。

图七 20、21：用水粉来进行建筑手绘表现，在 20 世纪 90 年代，曾一度风靡中国大陆。它的特点是能够把设计图表现的与自然物一样的真实。但在制作上比较复杂，没有美术基础的人很难掌握。这两幅作品可以代表那个时期，建筑手绘的普遍崇尚。

图例七 17 樊天华

图例七 18 樊天华

图例七 19 樊天华

图例七 20 美国俄亥俄州托利多市艺术事务所

图例七 21 美国俄亥俄州托利多市艺术事务所

（美）D·哈蒙　图例七 22

（美）D·哈蒙　图例七 23

　　图七 22~25：马克笔虽然作为一种快速表现的材料，但也可以表现的非常深入。而且，画面的真实效果几乎接近于水彩与水粉的表现。当然，这种画法也是需要花费较多的时间。但是，用马克笔画到如此程度，只能用两个字来表达：佩服！

　　图七 26~30：彩铅作为建筑手绘的表现材料，可以说是最便捷、最容易上手的。但由于它的表现力有限，线稿的绘制就显得非常重要。只要线稿画得好，用彩铅

（美）安东尼·舒米斯基　图例七 24

图例七 25　（美）D·哈蒙

图例七 26 （美）Dick Sneary

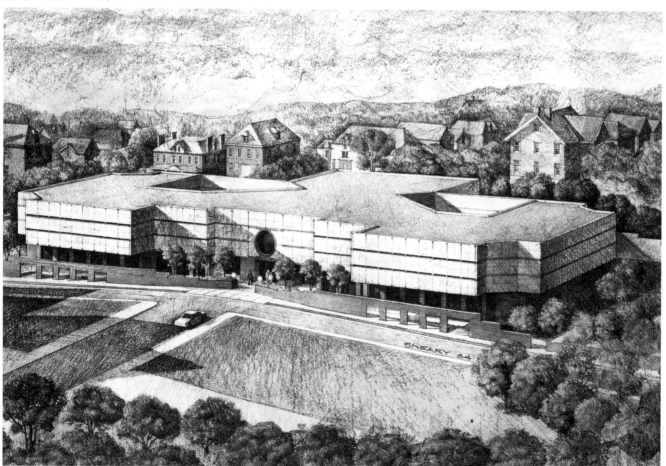

图例七 27 （美）Dick Sneary

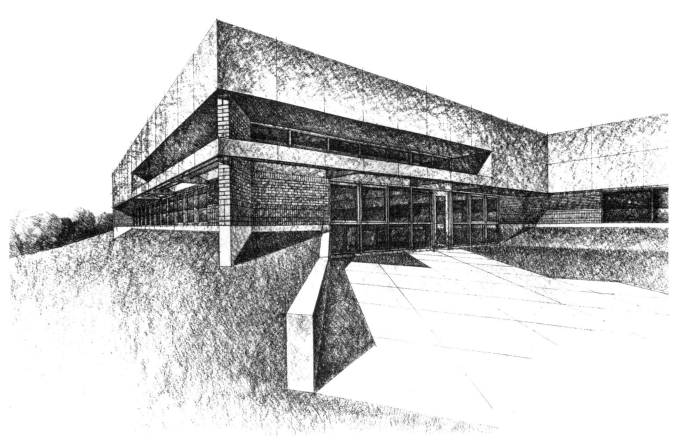

（美）Dick Sneary　图例七 28

图例七 29　（美）Dick Sneary

图例七 29　（美）Dick Sneary

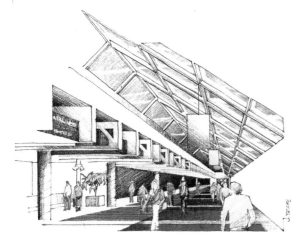

图例七30 （美）John Yamuy

图例七31 （美）Michaele Dogle

图例七32 王昌建

来上色就相对比较容易。

　　图七31：建筑手绘的快速表现之所以成为当今所普遍推崇的形式。不仅仅因为它在较短的时间内，可以把一个设计主题表达明确。更重要的是，它可以体现每一个设计师主观个性化的情感表达。而图七31的画面所呈现出来的正是这样一种个性化的表达。

## 第三节　建筑大师手稿作品

　　在这一章节中，我们选择了世界建筑领域中，最为杰出的十位建筑设计大师的手绘作品。通过欣赏他们才华横溢与独具个性的手绘作品，我们不仅可以学到大师们对于建筑设计的表达方式，更能够感受到，由天才的建筑设计大家的灵感突现、所引发的精神理念与艺术语汇相融合的形式美感。

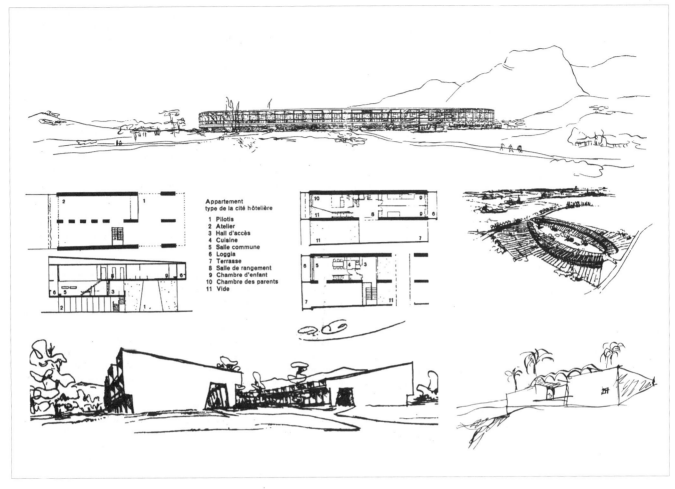

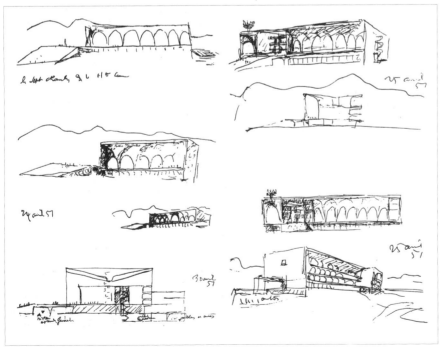

## 1. 勒·柯布西耶：1887 出生，瑞士著名建筑师

　　主要代表作品：国际联盟总部设计方案、萨伏伊别墅、巴黎瑞士学生宿舍、巴西教育卫生部大楼、马赛公寓大楼、朗香教堂等。论著：《走向新建筑》等。

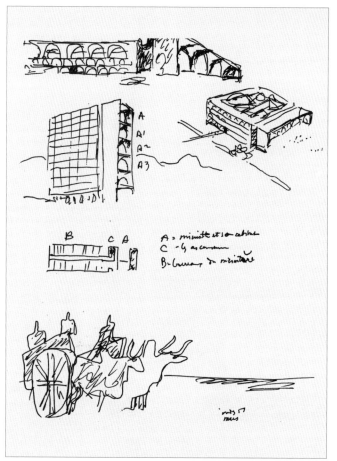

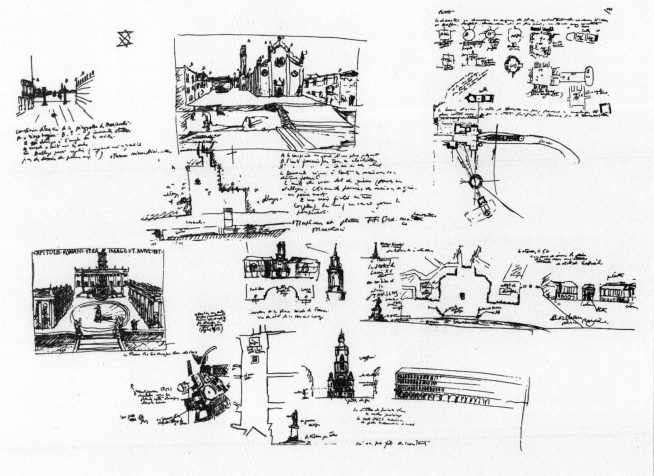

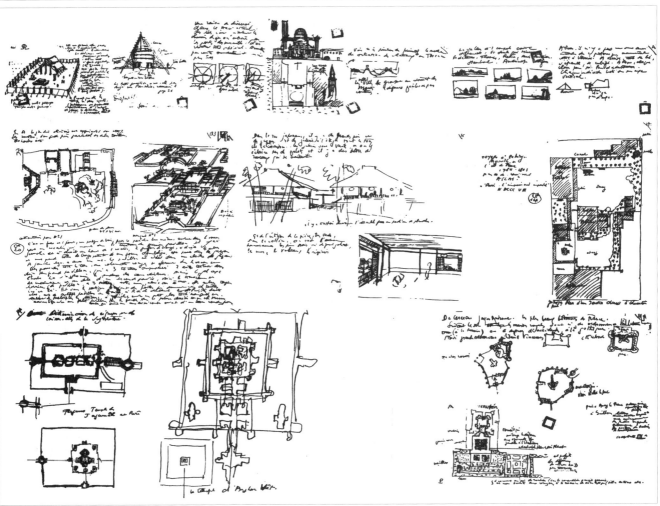

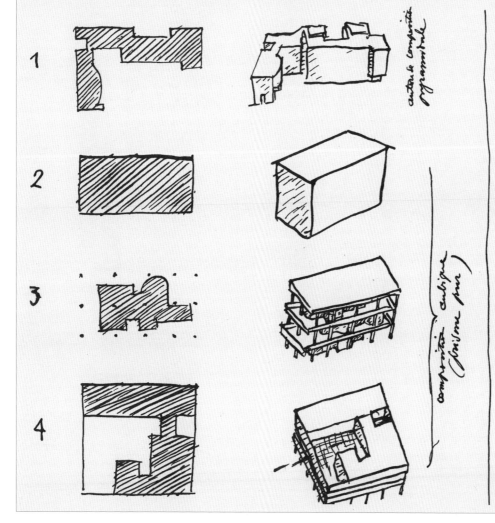

1

*genre plutôt facile, pittoresque mouvementé*
*On peut toutefois le discipliner par classement et hiérarchie*

2

*très difficile*
*(satisfaction de l'esprit)*

3

*très facile,*
*pratique*
*combinable*

4

*très généreux*
*on affirme à l'extérieur*
*une volonté architecturale,*
*on satisfait à l'intérieur*
*à tous les besoins fonctionnels*
*(insolation, contiguïtés,*
*circulation.*

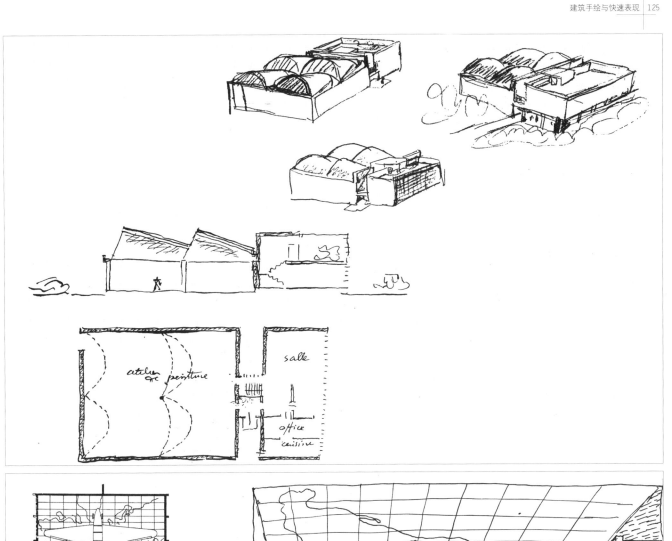

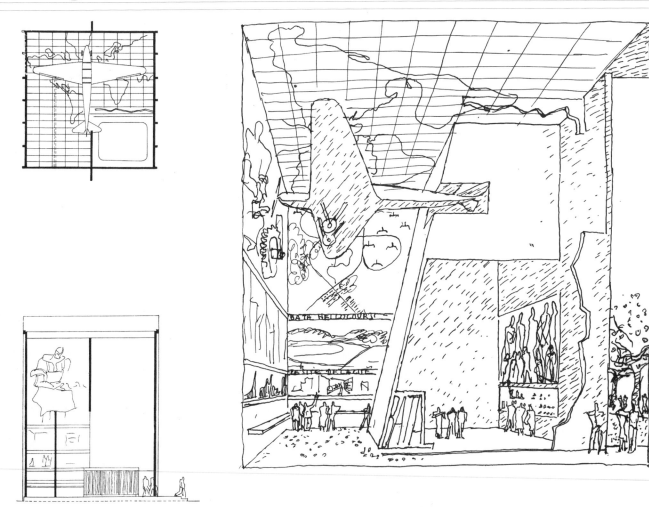

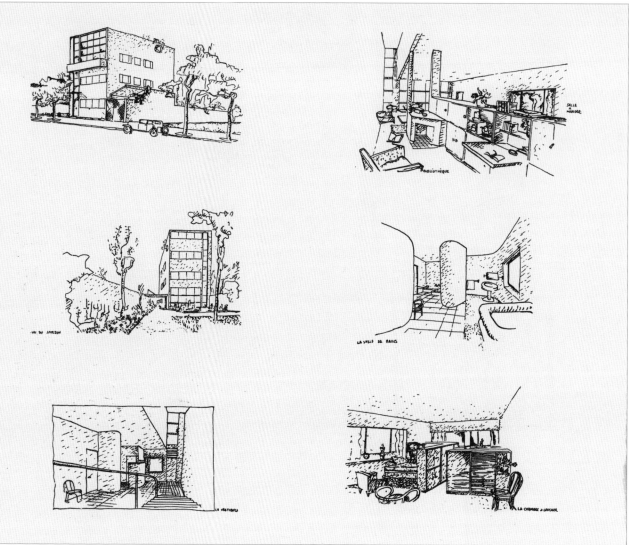

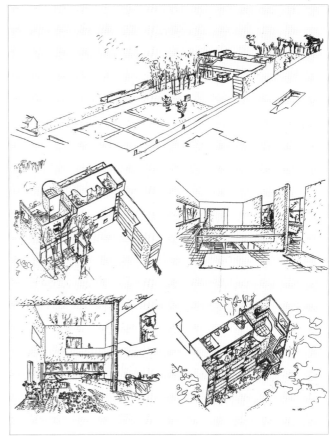

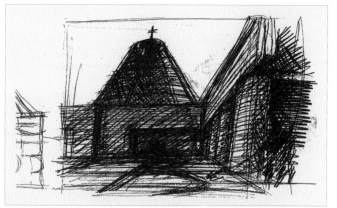

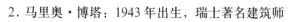

**2. 马里奥·博塔：1943 年出生，瑞士著名建筑师**

主要代表作品：旧金山现代艺术博物馆、圣·约翰巴蒂斯塔教堂、希腊国家银行总部、杜伦玛特中心、瑞士国家体育中心、"诺亚方舟"雕塑公园（以色列）、提契诺桑河住宅区等。

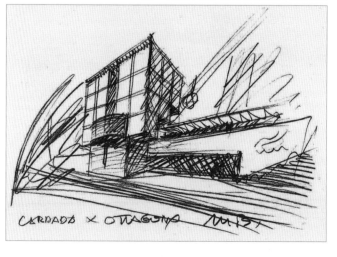

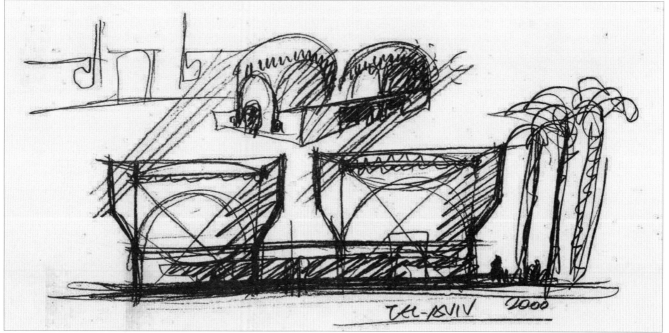

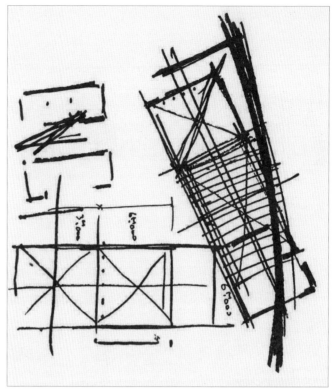
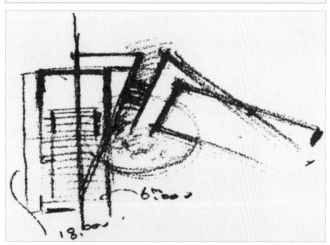
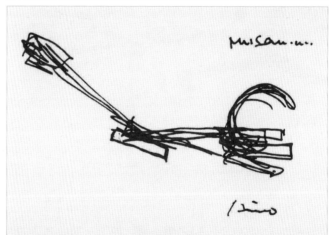
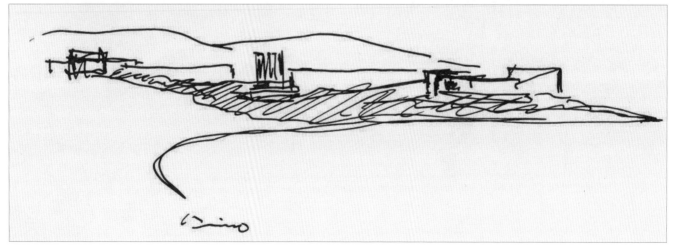

**3. 安藤忠雄：1941 年出生，日本著名建筑师**

主要代表作品：沃斯堡现代美术馆、光之教堂、水之教堂、韩国国立博物馆、日本兵库县立新美术馆、安特卫普市立美术馆、考尔德美术馆、芝加哥的住宅、世界贸易中心重建等。

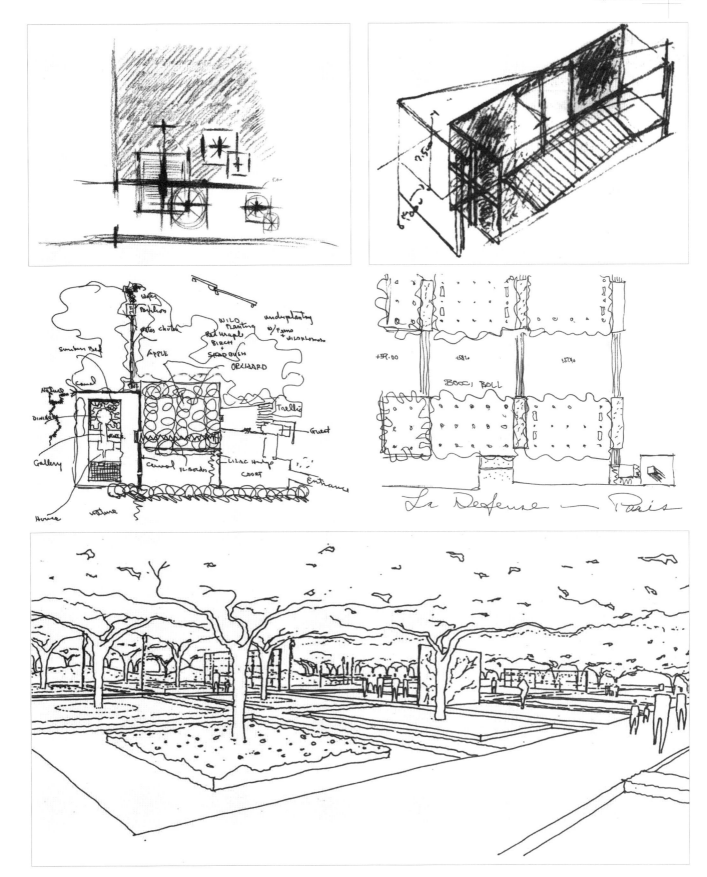

**4. 丹·凯利**：1912 年出生，美国著名建筑师。

主要代表作品：洛克菲勒大学、亨利·摩尔雕塑花园、北卡国家银行广场、达拉斯喷泉广场、米勒花园、金氏庄园等。

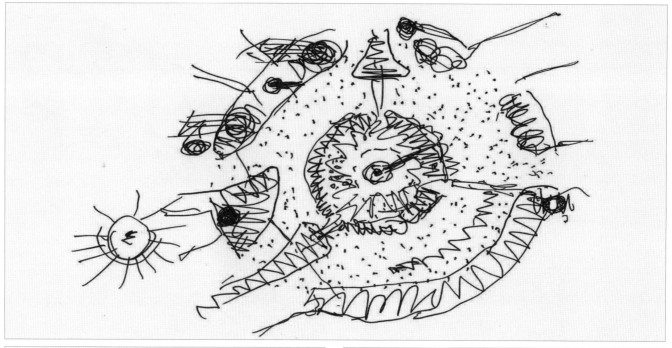

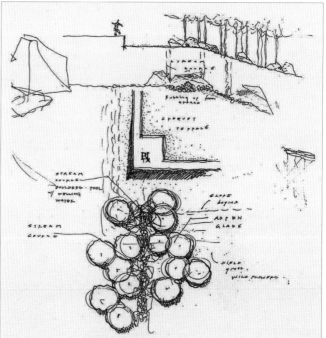

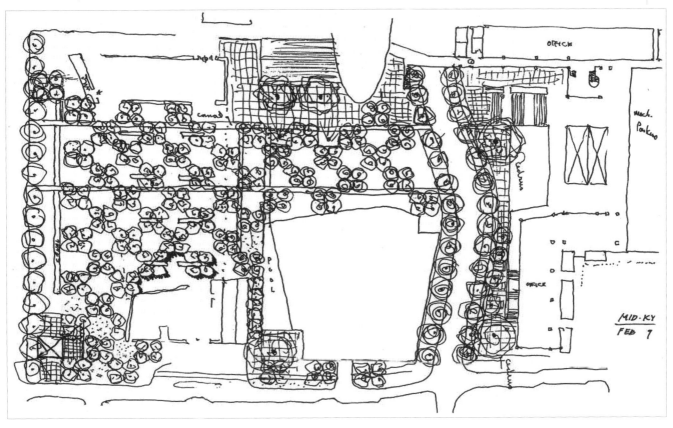

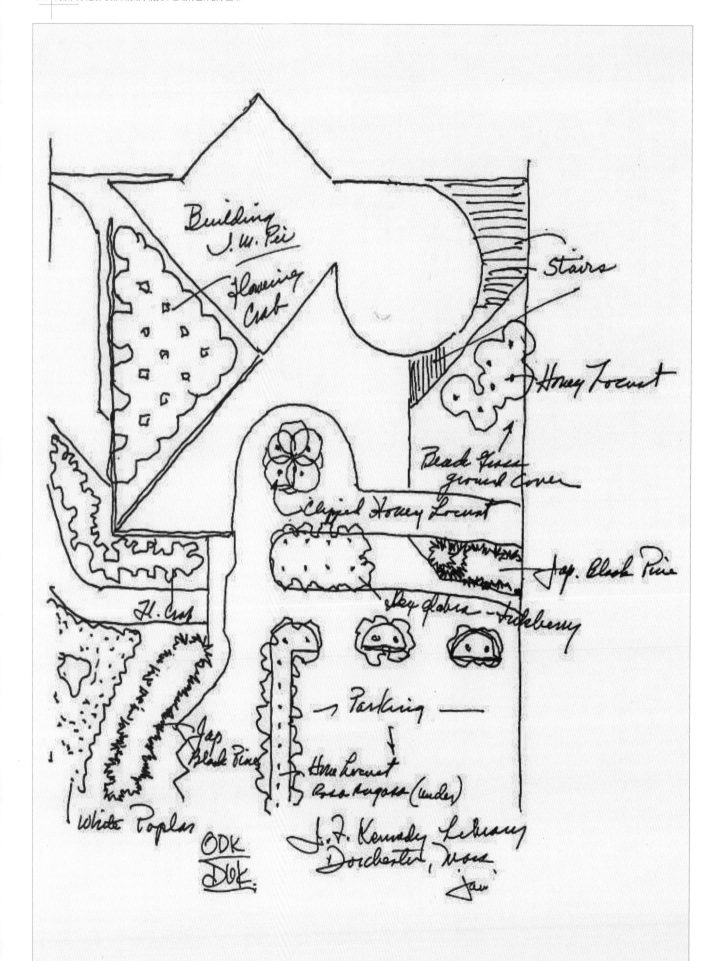

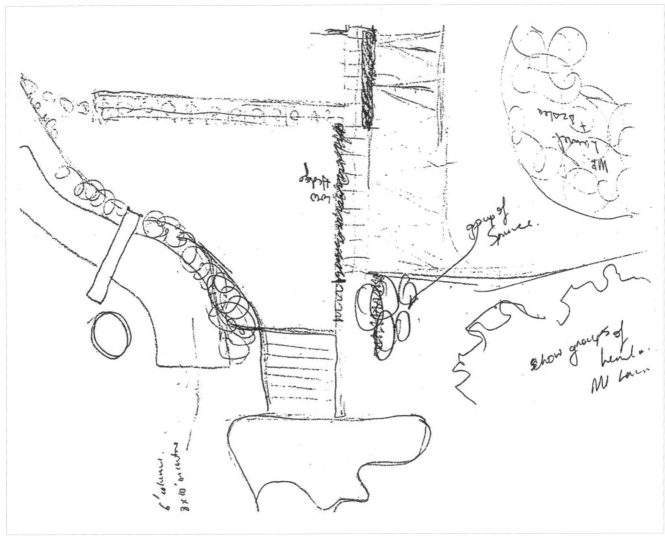

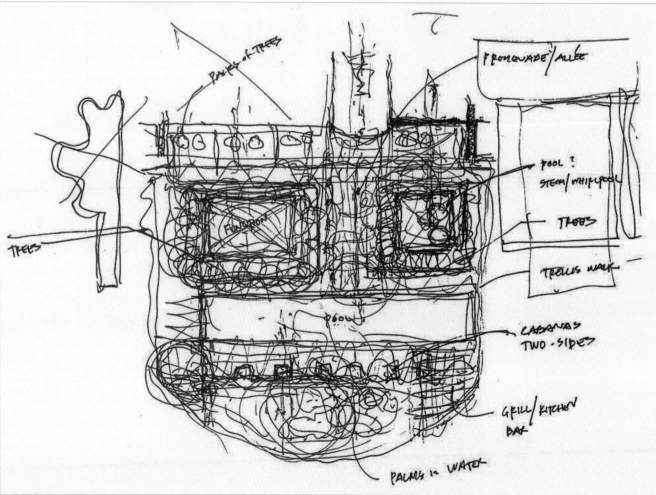

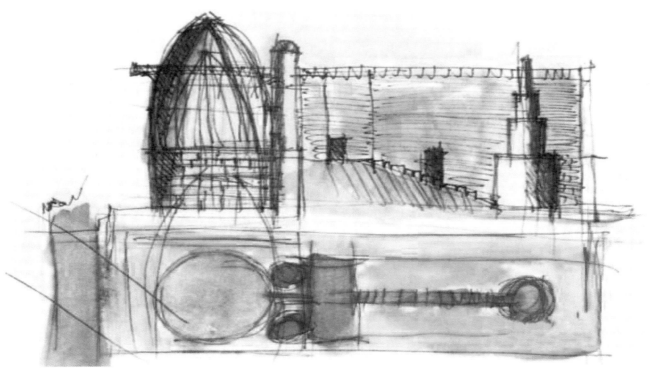

**5. 阿尔多·罗西：1931 年出生，意大利著名建筑师**

主要代表作品：卡洛·菲利斯剧院、博戈里科市政厅、卡洛·卡塔尼奥大学、林奈机场、维尔巴尼亚研究中心、住宅综合楼、佩鲁贾社区中心、多里购物中心、加拉拉特西公寓、维亚尔巴住宅、巴西集合住宅、现代艺术中心、拉维莱特公寓、博尼苏丹博物馆、迪斯尼办公建筑群等。

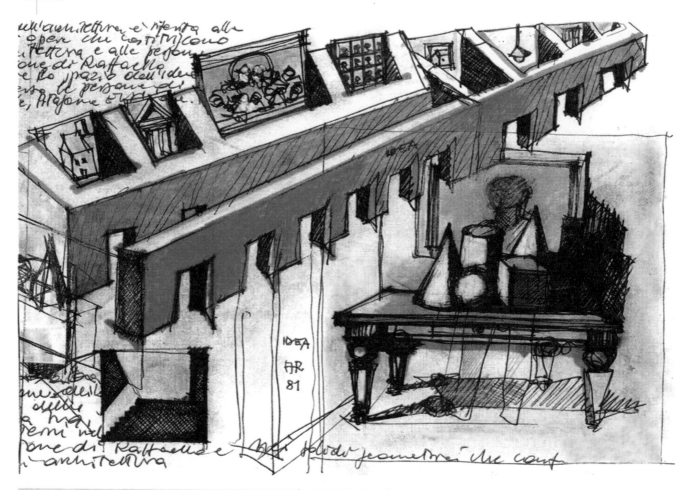

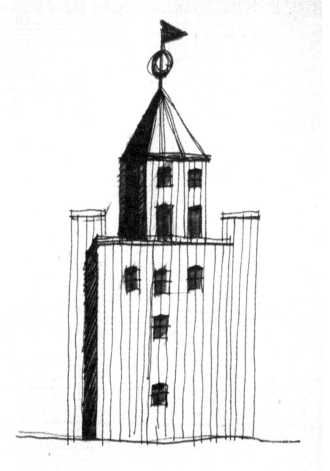

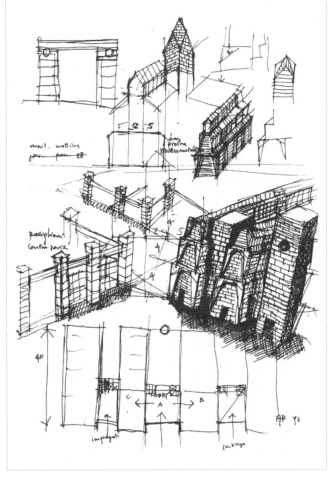

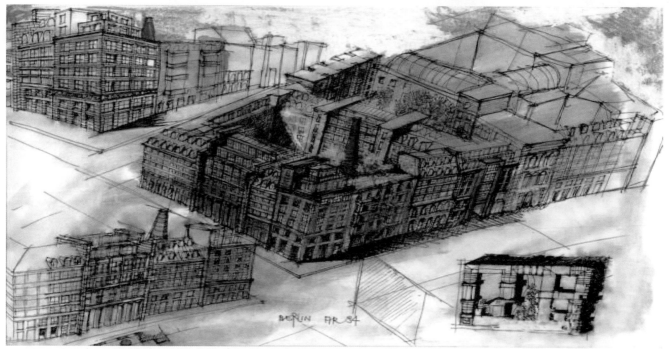

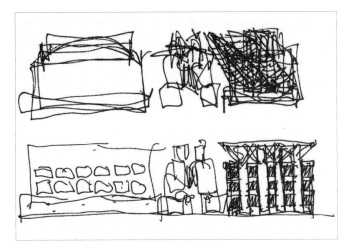

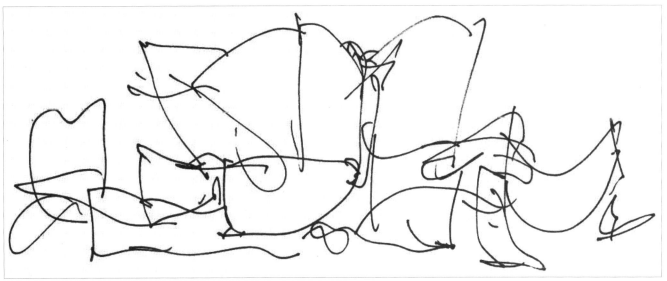

**6. 弗兰克·盖里**：1912 年出生，加拿大著名建筑师

　　主要代表作品：沃特·迪斯尼音乐厅、古根海姆艺术博物馆、欧洲迪斯尼娱乐中心、辛辛那提大学分子研究中心、魏斯曼博物馆、荷兰国际办公大楼、波士顿儿童博物馆、布拉格尼德兰大厦等。

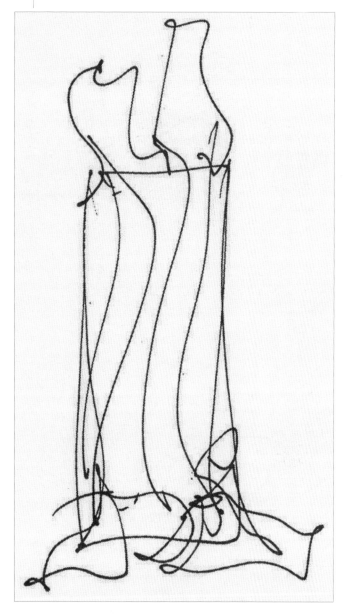

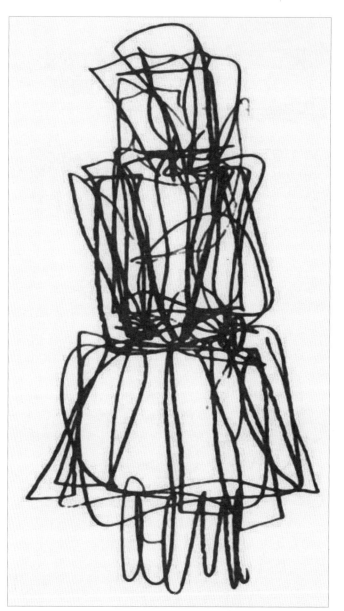

**7. 理查德·罗杰斯: 英国著名建筑师**

主要代表作品: 洛伊德保险公司总部、布劳德威克住宅、杰弗住宅、英国PA科学技术中心、美国PA科学技术中心、欧洲人权法院、伦敦格林威治半岛总体设计、巴塞罗那斗牛场改造、伦敦未来城市规划、上海陆家嘴总体规划等。

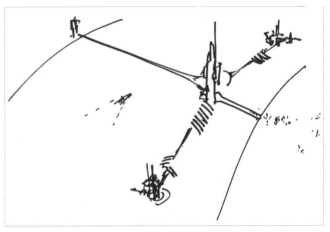

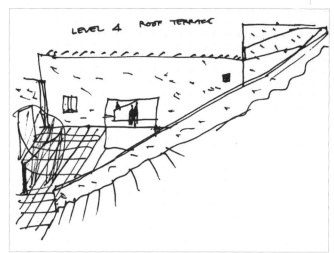

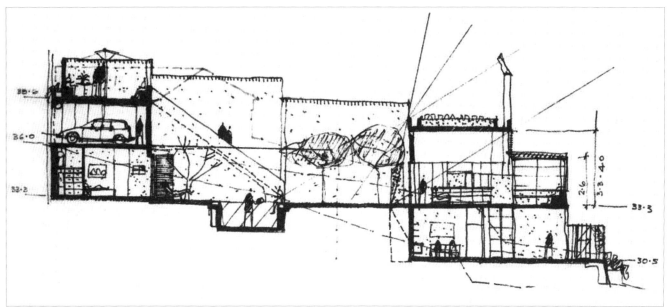

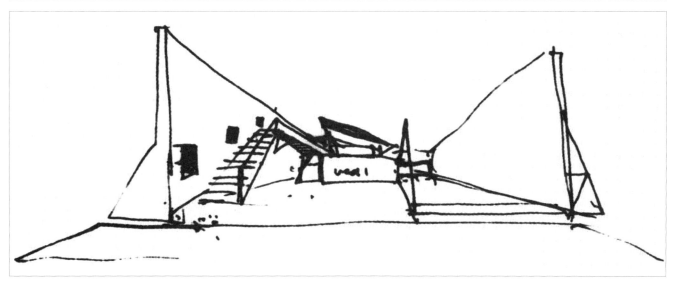

**8. 格伦·马库特：1936 年出生，澳大利亚著名建筑师**

主要代表作品：西坎博瓦拉鲍伊德艺术中心、莫士文·马库特自宅扩建、格伦费尔·阿姆斯特朗住宅、肯普西博物馆、乌鲁木鲁迈什·弗里德曼事务所、蒙斯岬喷泉别墅、特里山·萨切里餐馆、肯切拉河湾土著酒文化中心、苦难岬土地研究中心方案设计、摩迪蛙礁葡萄酒酿造厂等。

FROM LEVEL 1 TO LEVEL 2 ON STAIR

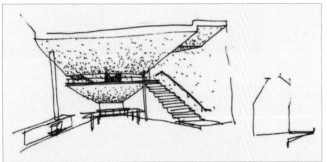

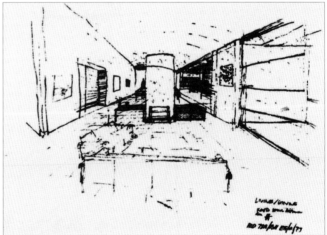

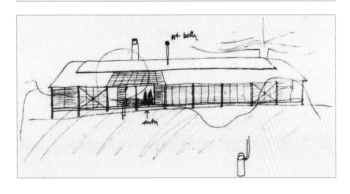

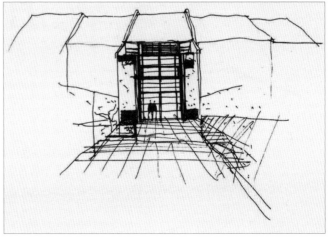

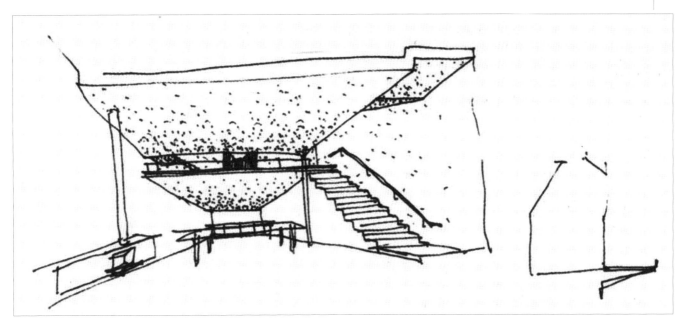

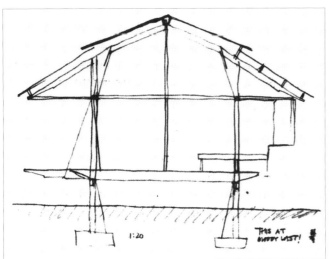

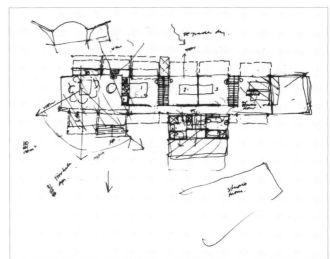

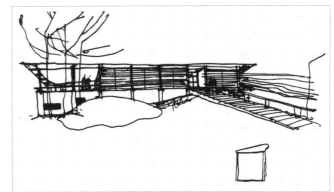

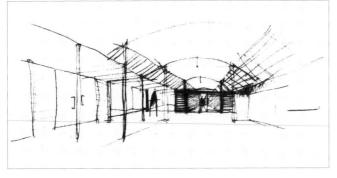

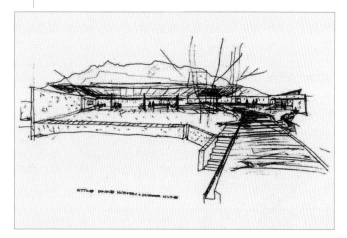

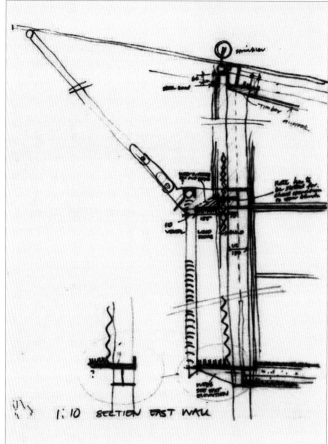

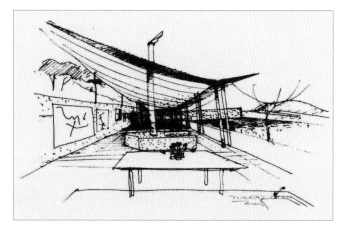

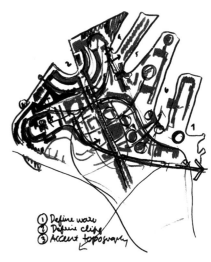

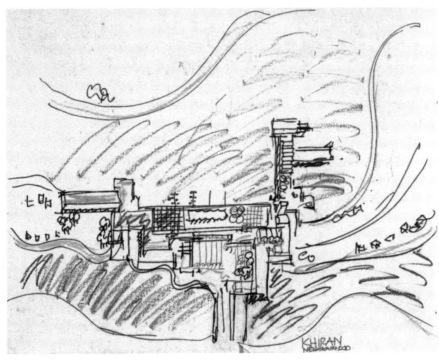

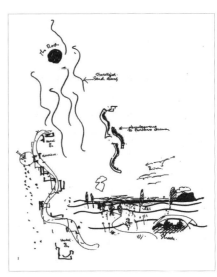

**9. 菲利普·考克斯：澳大利亚著名建筑师**

主要代表作品：赛斯中心、布里斯班会展中心、2000 年奥运会场馆规划、澳大利亚国家海洋博物馆、昆士兰热带博物馆、悉尼展览中心、悉尼水族馆、悉尼足球场、布鲁斯体育场、国家酿酒中心、上海北外滩规划等。

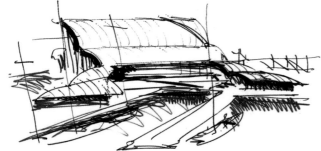

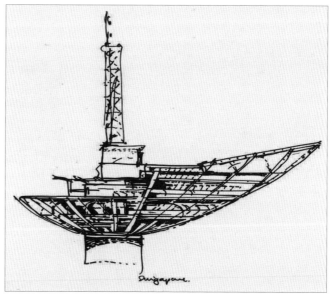

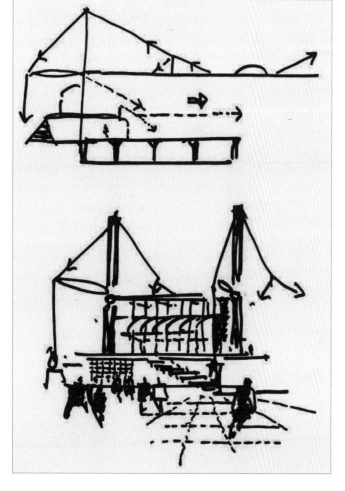

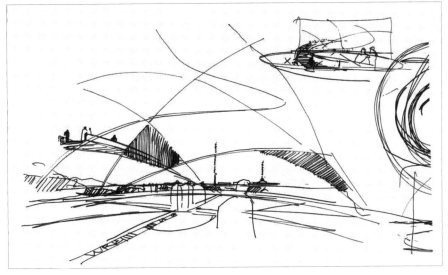

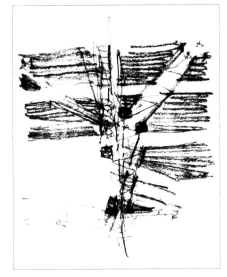

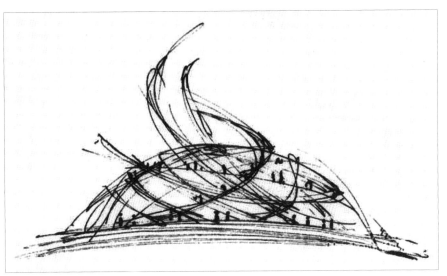

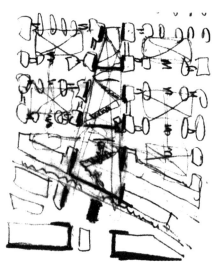

**10. 卢堡与尤戴尔**：美国著名建筑师。1977 年成立美国设计事务所

主要代表作品：Bo01，Tango 住宅设计、Santa Monica 图书馆、华盛顿大学规划设计、Dartmouth 大学北校区规划等。

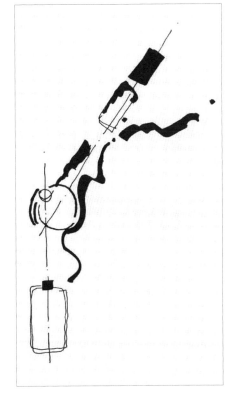

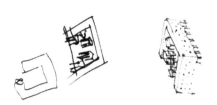

中文参考资料：

［1］《美国建筑画选》（美） R·麦加里 G·马德森著 中国建筑工业出版社
　　 2001

［2］《建筑师与设计师视觉笔记》（美）诺曼·克罗 保罗·拉索著
　　 吴宇江 刘晓明译 中国建筑工业出版社 2007

［3］《大师草图》大师系列丛书编辑部编著 中国电力出版社 2006
　　 英文参考资料：

［1］Corbusier Et Pierre jeanneretLes editions d'architecture (artemis),
　　 zurich Treizieme edition 1995

［2］Renderings in ink and perspectivesNithi sthapitanonda Bangkok printing
　　 co., ltd1989.09

［3］Architectural rendering techniques / a color referenceMike w. lin, asla
　　 Van nostrand reinhold 115 fifth avenue, new york, ny 10003
　　 注：本书未注明的作品均为作者所绘制。

# 后 记

　　《建筑手绘快速表现》作为一本教材，从实际的教学入手，系统地阐述了形态造型的基本表现形式与方法、建筑的外部形态与内部空间的表达、建筑形态的拓展表现、建筑快题实战以及透视图快速表现的方法与步骤。同时，还介绍了一些精彩的传统手绘及建筑大师的手绘作品。我们的宗旨是在提升学生们建筑手绘操作能力的同时，培养他们宽泛的审美意识与视觉感知。我们始终相信，只要勇于尝试，并在实践中不断经历失败的磨练，任何人都具备练就并掌握快速的建筑手绘表现的能力。但是，在当今这样一个高科技主流、人类的精神被物欲横流的不能自已的浮躁年代，我们是否能在经受失败、批评、以及各种诱惑的同时，还能够一如既往的拥有一份淡定与恒心？这是我们每一个行走在时代的人所必须面对的考验。

　　在本书的编著过程中，得到了同济大学建筑与城规学院各级领导与教师们的支持与帮助，在此深表感谢！特别要感谢阴佳、樊天华、严大地等老师们提供了他们的手绘作品。另外，本书中的许多作业为 07 级建筑班、09 级规划班及 10 级景观班的同学所绘制，在此也一并表示感谢！最后要感谢编辑那泽民先生为本书所付出的辛勤劳动。

作者

2013年3月

**图书在版编目（CIP）数据**

建筑手绘快速表现 / 王昌建, 刘宏编著. -- 上海：
同济大学出版社, 2013.8
（同济大学建筑与城市规划学院美术基础特色课教学
丛书 / 吴长福主编）
ISBN 978-7-5608-5194-5

Ⅰ.①建… Ⅱ.①王… ②刘… Ⅲ.①建筑画—绘画
技法—高等学校—教材 Ⅳ.①TU204

中国版本图书馆CIP数据核字(2013)第143095号

**建筑手绘快速表现**

从书策划　那泽民
编　著　王昌建　刘宏
责任编辑　那泽民
装帧设计　润泽书坊
责任校对　徐春莲
图文制作　谢一冰　乔　荣
出版发行　同济大学出版社
　　　　　（上海四平路1239号　邮编：200092　电话：021-65985622）
网　　址　www.tongjipress.com.cn
经　　销　全国各地新华书店
印　　刷　上海丽佳制版印刷有限公司
开　　本　889mm×1194mm　1/16
印　　张　10.5
字　　数　336000
版　　次　2013年8月第1版
印　　次　2013年8月第1次印刷
书　　号　ISBN 978-7-5608-5194-5
定　　价　68.00元